——互联网实验室文库——

"互联网口述系列丛书"战略合作单位

浙江传媒学院　　　　　　　互联网与社会研究院

博客中国　　　　　　　　　国际互联网研究院

光荣与梦想

互联网口述系列丛书

方兴东 ◎ 主编
刘 伟 ◎ 执行主编

刘韵洁 篇

电子工业出版社
Publishing House of Electronics Industry
北京·BEIJING

出 版 说 明

"互联网口述历史"项目是由专业研究机构——互联网实验室,组织业界知名专家,对影响互联网发展的各个时期和各个关键节点的核心人物进行访谈,对这些人物的口述材料进行加工整理、研究提炼,以全方位展示互联网的发展历程和未来走向。人物涉及创业与商业,政府、安全与法律等相关领域,社会、思想与文化等层面。该项目把这些亲历者的口述内容作为我国互联网历史的原始素材,展示了互联网波澜壮阔的完整画卷。

今天奉献给各位读者的互联网口述系列丛书第一期的内容来源于"互联网口述历史"项目,主要挖掘了影响中国互联网发展的8位关键人物的口述历史资料和研究成果,包括《光荣与梦想:互联网口述系列丛书 钱华林篇》《光荣与梦想:互联网口述系列丛书 刘韵洁篇》《光荣与梦想:互联网口述系列丛书 许榕生篇》《光荣与梦想:互联网口述系列丛书 张朝阳篇》《光荣与梦想:互联网口述系列丛书 张树新篇》《光荣与梦想:互联网口述系列丛书 陆首群篇》《光荣与梦想:互联网口述系列丛书 胡启恒篇》《光荣与梦想:互联网口述系列丛书 田溯宁篇》。

"口述历史",简单地说,就是通过笔录、录音、录影等现代技术手段,记录历史事件当事人或者目击者的回忆而保存的口述凭证。"口述"作为一种全新的学术研究方法,尚处在"探索"阶段,目前尚未发现可供借鉴和参考的案例或样本。在本系列丛书的策划过程中,我们也曾与行业内的专家和学者们进行了多次的探讨和交流,尽量规避"口述"这种全新的研究方式存在的不足。与此同时,针对"口述"内容存在的口语化的特点,在本系列丛书的出版过程中,我们严格按照出版规范的要求最大限度地进行了调整和完善。但由于"口述体"这种特殊的表达方式,书中难免还存在诸多不当之处,恳请各位专家、学者多多指正,共同探讨"口述"这种全新的研究方法,通过总结和传承互联网文化,为中国互联网的发展贡献自己的力量。

"互联网口述系列丛书"编委会

学术委员会委员：

何德全　　黄澄清　　刘九如　　卢　卫　　倪光南
孙永革　　田　涛　　田溯宁　　佟力强　　王重鸣
汪丁丁　　熊澄宇　　许剑秋　　郑永年
（按姓氏首字母排序）

主　　编：方兴东
执行主编：刘　伟
编　　委：范东升　　王俊秀　　徐玉蓉
　　　　　（按姓氏首字母排序）
策　　划：袁　欢　　杜康乐　　李宇泽
指导单位：北京市互联网信息办公室
执行单位：互联网实验室

学术支持单位： 浙江传媒学院互联网与社会研究院
　　　　　　　　汕头大学国际互联网研究院
　　　　　　　　《现代传播（中国传媒大学学报）》
　　　　　　　　北京师范大学新闻传播学院

丛书出版合作单位：博客中国
　　　　　　　　　电子工业出版社

"互联网口述系列丛书"工程执行团队

牵头执行: 互联网实验室
总负责人: 方兴东
采访人员: 方兴东、钟布、赵婕
访谈联络: 范媛媛、杜康乐、孙雪、张爱芹
摄影摄像: 杜运洪、杜康乐、李宁
文字编辑: 李宇泽、范媛媛、刘伟、薛芳、何远琼、魏晨、香玉、
赵毅、王帆、雷宁、顾宇辰、王天阳、袁欢、孙雪

视频剪辑: 杜运洪、李可、高昊才
商务合作: 高忆宁、马杰
出版联络: 任喜霞、吴雪琴
研究支持: 徐玉蓉、陈帅
媒体宣传: 于金琳、索新怡、张雅琪
技术支持: 高宇峰、胡炳妍

总 序

为什么做"互联网口述历史"(OHI)*

方兴东

2019年是互联网诞生50周年,也是中国互联网全功能接入25年。如何全景式总结这波澜壮阔的50年,如何更好地面向下一个50年,这是"互联网口述历史"的初衷。

通过打造记录全球互联网全程的口述历史项目,为历史立言,为当代立志,为未来立心,一直是我个人的理

---

* 编者注:"互联网口述系列丛书"内容来源于"互联网口述历史"(OHI)项目。

想。而今，这一计划逐渐从梦想变成现实，初具轮廓。作为有幸全程见证、参与和研究中国互联网浪潮的一个充满书生意气的弄潮儿，我不知不觉把整个青春都献给了互联网。于是，我开始琢磨，如何做点更有价值的工作，不辜负这个时代。于是，2005年，"互联网口述历史"（OHI）开始萦绕在我心头。

我自己与互联网还是挺有缘分的。互联网诞生于1969年，那一年我也一同来到这个世界。1987年，我开始上大学，那一年，互联网以电子邮件的方式进入中国。1994年，我来到北京，那一年互联网正式进入中国，我有幸第一时间与它亲密接触。随后，自己从一位高校诗社社长转型为互联网人，全身心投入到为中国互联网发展摇旗呐喊的事业中。20多年的精彩纷呈尽收眼底。从20世纪90年代开始，到今天以及下一个10年，是所谓的互联网浪潮或者互联网革命的风暴中心，是最剧烈、最关键和最精彩的阶段。

但是，由于部分媒体的肤浅和浮躁，商业的功利与喧嚣，迄今，我们对改变中国及整个人类的互联网革命并没有恰如其分地呈现和认识。因为这场革命还在进程当中，我们现在需要做的并不是仓促地盖棺论定,也不是简单地总结或预测。对于这段刚刚发生的历史中的人与事、真实与细节,进行勤勤恳恳、扎扎实实的记录和挖掘,以及收集和积累更加丰富、全面的第一手史料,可能是更具历史价值和更富有意义的工作。

"互联网口述历史"仅仅局限在中国是不够的。不超越国界,没有全球视野,就无法理解互联网革命的真实面貌,就不符合人类共有的互联网精神。迄今整个人类互联网革命主要是由美国和中国联袂引领和推动完成的。到2017年底,全球网民达到40亿,互联网普及率达到50%。我们认为,互联网革命开始进入历史性的拐点:从以美国为中心的上半场(互联网全球化1.0),开始进入以中国为中心的下半场(互联网全球化2.0)。中美两国承前启后、前赴后继、各有所长、优势互补,将人类互联网新文明不断推向深入,惠及整个人类。无论存在何种摩擦和争端,在人类互联网革命的道路上,中美两国将别无选择地构建成为不可分割的利益共同体和命运共同体。所以,"互联网口述历史"将以中美两国为核心,先后推进、分步实施、相互促进、互为参照,绘就波澜壮阔的互联网浪潮的完整画卷。

在历史进程的重要关头,有一部分脱颖而出的人,他们没有错过时代赋予的关键时刻,依靠个人的特质和不懈的努力,做出了独特的贡献,创造了伟大的奇迹。他们是推动历史进程的代表人物,是凝聚时代变革的典范。聚焦和深入透视他们,可以更好地还原历史的精彩,展现人类独特的创造力。可以毫不夸张地说,这些人,就是推动中国从半农业半工业社会进入到信息社会的策动者和引领者,是推动整个人类从工业文明走向更高级的信息文明的功臣和英雄。他们的个人成就与时代所赋予的意义,将随着时间的推移,不断得以彰显和认可。他们身上体现的价值观和独特的精神气质,正是引领人类走向未来的最宝贵财富!

"互联网口述历史"自 2007 年开始尝试,经过十多年断断续续的摸索,总算雏形初现。整个计划的第一阶段成果分为两部分。一部分记录中国互联网发展全过程,参与口述总人数达到 200 人左右的规模。其中大致是:创业与商业层面约 100 人,他们是技术创新和商业创新的主力军,是绝对的主体,是互联网浪潮真正的缔造者;政府、安全与法律等相关层面约 50 人,他们是推动制度创新的主力军,是互联网浪潮最重要的支撑和基础;学术、社会、思想与文化等层面约50人，他们是推动社会各层面变革的出类拔萃者。另一部分是以美国为中心的全球互联网全记录，计划安排300人左右的规模。大致包括美国150人、欧洲50人、印度等其他国家100人。三类群体的分布也基本同上部分。第一阶段的目标是完成具有代表性的500人左右的口述历史。正是这个独特的群体，将人类从工业文明带入到了信息文明。可以说，他们是人类新文明的缔造者和引领者。

自2014年开始，我们开始频繁地去美国，在那里，得到了美国互联网企业家、院校和智库诸多专家学者的大力支持和广泛认可，全面启动全球"互联网口述历史"的访谈工作。目前，我们以每一个人4小时左右的口述为基础内容，未来我们希望能够不断更新和多次补充，使这项工程能够日积月累，描绘出整个人类向信息文明大迁移的全景图。

到2018年年中，我们初步完成国内170多人、国际150多人的口述，累计形成1000多万字的文字内容和超过1000小时的视频。这个规模大致超过了我们计划的一半。所谓万事开头难，有了这一半，我的心里开始有了底气。2018年开始，将以专题研究、图书出版以及多媒体视频等形式，陆续推向社会。希望在2019年互联网诞生50年之际，能够让整个计划完成第一阶段性目标。而第二阶段，我们将通过搭建的网络平台，面向全球动员和参与，并将该网络平台扩展成一个可持续发展的全球性平台。

通过各层面核心亲历者第一人称的口述，我们希望"互联网口述历史"工程能够成为全球互联网浪潮最全面、最丰富、最鲜活的第一手材料。为更好地记录互联网历史的全程提供多层次的素材，为后人更全面地研究互联网提供不可替代的参考。

启动口述历史项目，才明白这个工程的艰辛和浩大，需要无数人的支持和帮助，根本不是一个人所能够完成的。好在在此过程中，我们得到了各界一致的认可和支持，他们的肯定和赞赏是对我们最佳的激励。这是一项群体协作的集体工程，更是一项开放性的社会化工程。希望我们启动的这个项目，能汇聚更多的社会力量，最终能够越来越凸显价值与意义，能够成为中国对全球互联网所做的一点独特的贡献。

目录
CONTENTS

访谈者评述　/001
业界评述　/004
口述者肖像　/006
口述者简介　/007

壹　推动成功的力量　/012

贰　在河北小县城做半导体　/018

叁　做出通信软件差点就发了　/025

肆　颇受欢迎的专家所长　/032

伍 催生中国第一张公众互联网　/036

陆 被误以为是亿万富翁　/044

柒 在联通达到业务上的高峰　/052

捌 未来网络的方向　/057

─ 语录　/063
─ 链接　/066
─ 附录　/073
─ 相关人物　/084
─ 访谈手记　/085
─ 人名索引　/090
─ 参考资料（部分）　/092
─ 编后记1　/096
─ 编后记2　/113
─ 致谢　/142
─ 互联网口述历史：人类新文明缔造者群像　/150
─ 互联网实验室文库：21世纪的走向未来丛书　/168
─ 注释　/173
─ 项目资助名单　/180

访谈者评述

方兴东

很大程度上,刘韵洁代表了运营商里的互联网力量。互联网对运营商来说,是一种变革力量,它是要触及运营商的根本利益的。所以在很长一段时间里,运营商和互联网存有巨大的冲突。运营商承担了整个互联网基础设施的建设任务,但是互联网是要革掉运营商的命的,所以它们是一对具有先天冲突同时又相

编者注:本文运营商是指传统电信运营商,下同。

互依存的矛盾体。在这个冲突与发展的过程中，刘韵洁做了很多有意义的事情，他让运营商在互联网的发展过程中也占有一席之地，发挥了重要的作用。我觉得刘韵洁对通信互联网的建设和发展功不可没。他对很多技术的判断、很多方向的坚持，是比较符合互联网的发展规律的，但在短期内却不一定是符合运营商的利益的。

他基本上是运营商里的一个学者型高层。受制于各种客观因素，他可能无法扮演真正的主导性的角色，只能在那个阶段里、那种形式下，在一定的变革空间里发挥作用。这也决定了他发挥个人能力的空间有限，他影响力的持续性也有限，不太可能再做很多持续、深入的事情。但是我觉得，他在这么一个运营商的体制里，能扮演这样一个角色，能推动其发展，还是比较难得的。因为互联网毕竟是美国发明的，运营商在技术层面可以发挥的能动性并不是很大。开发原创性的技术也并不是中国的运营商的特长所在，所以我们对运营商的评价标准关键在于其是不是选择了新的技术，是不是选择了对的方向。我觉得刘韵洁在新技术的选择、大方向的判断方面起了非常重要的作用，实际上直到今天，他还在推动着运营商向正确的方向发展，为中国互联网的发展贡献力量。

业界评述

我觉得刘韵洁局长非常重要。在互联网早期有两大争论,其中一个争论是走 X.25 网,还是走 TCP/IP 网。当时电信的部门大部分人认为应该走 X.25 网,就是电联规划这条道路。后来刘韵洁下决心拍板走了开放的道路,走了 TCP/IP 网。

田溯宁

(亚信科技董事长)

吴基传

（*原信息产业部部长*）

原来邮电部数据通信局的刘韵洁，他主要是搞互联网的。我们当时成立数据局的目的是要开展数据业务。数据局成立之后，他没搞数据业务，而是搞起了数据网。后来由他负责组织、领导建立起了全国范围的、技术先进的数据通信网络，成为我国信息化发展的重要基础设施。

口述者肖像

口述者简介

刘韵洁，中国工程院院士、教授级高级工程师，著名通信与信息系统专家，作为 ChinaNet 的重要奠基人，被一些业界人士赞为"中国互联网之父"，并被美国《时代周刊》评为"全球 50 位数字英雄"之一。曾任邮电部数据通信研究所所长，邮电部电信总局副局长兼数据通信局局长，邮电部邮政科学规划研究院院长，中国联通总工程师、副总裁。现任中国联合通信有限公司科技委主任、北京邮电大学信息与通信工程学院院长。

刘韵洁曾主持我国公用数据网、互联网、高速宽带网的设计、建设与经营工作,为我国信息化发展打下重要基础;主持设计、建设与运营中国联通"多业务统一网络平台",为三网融合提供了一种可行的解决方案,该方案成为向下一代网络演进的一次大规模的成功实践。曾获得国家科技进步一等奖 1 项、部级科技进步一等奖 2 项、国家发明专利多项,先后发表学术论文 59 篇、专著 7 部。

1943 年
  出生于山东省烟台市。
1968 年,25 岁
  毕业于北京大学,获学士学位。
1970 年,27 岁
  在河北东光县农具厂工作。
1973 年,30 岁
  调入电子工业部 706 厂工作。

1976 年,33 岁

　　调入邮电部数据通信研究所工作,先后任主任、副所长、所长。

1993 年,50 岁

　　调入邮电部,任数据通信局局长。

1998 年,55 岁

　　任邮电部邮政科学规划研究院院长。

1999 年,56 岁

　　任中国联通总工程师、副总裁。

2004 年,61 岁

　　任中国联通科技委主任。

2005 年,62 岁

　　当选为中国工程院院士。

刘韵洁 篇

我只是在这舞台上做我应该做的事

访谈: 方兴东
口述: 刘韵洁
整理: 何远琼
时间: 2014年2月18日 (14:00—16:00)
地点: 中国联通A座2026
文本修订: 4次

光荣与梦想
互联网口述系列丛书

刘韵洁篇

推动成功的力量

你作为 ChinaNet 的重要奠基人,被一些业界人士赞为"中国互联网之父",并被美国《时代周刊》评为"全球 50 位数字英雄"之一。我想问问,在你成长的过程中,是哪些力量不断推动你走向成功的?

* * *

我小时候受我哥哥的影响比较大。我出生在山东烟台石屋营村。我母亲是农村人,父亲原来在大连做职员,后来也回家种地了。我祖父受过高等教育,他是师范专业毕业的,学校应该是北京师范大学的前身,毕业后在青岛教书。我父亲有一定的文化程度。按道理来讲这个家庭背景，生活不应该很困难。后来因为有些原因，生活变得困难了，我的两个哥哥一个姐姐，都是小学毕业就出来工作。我哥在北京，我小学毕业以后，我哥就把我带到北京上学了。他对我影响很大，这点我很幸运。

我哥比我大六七岁。我在事业方面受我哥的影响也很大。他来北京主要是靠一些本家亲戚，但他自学了大学课程。1966年以前，他还是北京市重点宣传的人物，上过电视，很不容易。我在他的启发下，知道了专业知识对工作的重要性，他给了我很多专业上的启示和帮助。我哥是学化工的，清华、北大学化学的好多人都比不上他。他已经退休很多年了，快80岁了，但他这么大的年龄，还是有人聘用他。

我1957年就跟我哥到了北京，一开始在北京第六中学，后来在北大附中上学。当时条件还是挺艰苦的。

我哥也就是一个工人,他刚刚拿四十多块钱工资的时候,就把我领出来了。我到了北京才知道,根本没有落脚的地方。那时候我十几岁,他也就二十多岁,两个人睡在他集体宿舍的一张床上。铁丝床,两道铁梁,中间都是洼的。他睡在一条铁梁上,我睡在另一条铁梁上。但这都不是问题,生活条件和农村比已经强很多了。

我哥一直供养我到高中毕业。考大学时,为了节省他的钱,我想考哈军工,想着考上了就不用他负担我的生活了。但他说希望我考北大、清华,我说北大、清华都要六年才能毕业。他说六年才好呢,这样可以多读一些书,也好有一个理想,有一些目标。他喜欢看名人传记,也给我看一些名人传记,例如门捷列夫、居里夫人、爱因斯坦这些科学家的传记,还有马克思这类伟人的传记。看这些伟人传记,能让自己有一个目标、一个方向,让我们有毅力克服工作环境中遇到的一些困难、挫折,有些东西我至今还是挺感动的。

后来我学了核物理,一方面是因为我在中学理科比较好,就想学物理、数学之类的。当时北大的技术物理只有两个专业,一个是核物理,一个是核化学。另一方面,当时原子弹还没爆炸,大家在这方面有些向往,我就考了这个专业。上大学后,本来我可以申请助学金,但是觉得能不麻烦国家,就尽量不要,便没有申请。

小时候对我影响比较大的,除了我哥,还有我母亲。不管我在哪个单位,跟谁相处,大家对我评价都很好,都愿意和我相处。这个主要就是受我母亲的影响。**从小母亲就教育我,少考虑自己的事,多为别人想。她没给我讲多深的道理,她就是这么做的,就是宁可自己吃亏,也不能亏了别人。**所以在做人方面,我觉得自己是成功的。

我上大学的时候,同学都是很优秀的,他们在高中时都是团干部、班干部，是每个学校比较好的学生。我受我母亲的影响，宁可自己吃亏，也不能亏了别人，所以他们愿意选我当班长、团支部书记，后来又推荐我入党。那时候入党还是挺困难的，低年级根本没有党员。后来发展党员，我是跟邓朴方[1]一起入党的。邓朴方比我高一年级，也是核物理专业的，我二年级，他三年级。

我在北大做过系学生会主席，做的事情多一些，也遇到一些挑战、一些意想不到的事情，这些事情对我也有很大影响。

当然我也看了不少书，这些书对我的人生还是有一些作用的。

做事情其实也是在考验怎么做人。

光荣与梦想
互联网口述系列丛书
刘韵洁篇

在河北小县城做半导体

贰 在河北小县城做半导体

你毕业以后去哪儿工作了？当时工作和互联网有关系吗？

* * *

我毕业后分配到河北东光县农具厂了。当时是这样，大学的毕业方案，是计委做的，就是原来的国家计划委员会。整体来说，清华、北大的学生分配的都还不错。但我大学毕业的时候，由于一些特殊原因，大学生基本全都被分到农村和一些偏僻的地方了。我们系里的一个老师，是系副书记，还说我分得不错，当工人。我说，我在北京初中毕业就能当工人而且当哪种工人还可以挑，现在分到河北一个县城里当工人，还说我分得不错？确实，到了县城以后我才知道，还有很多人坐着牛车到农村当农民去了，相比之下，我确实分得还不错。

也没办法，组织让做什么工作就把它做好。工作不久后，正好有一个机会，上面有任务要做大功率半导体晶体管[2]。在这个县城里，让谁领导完成这个任务呢？后来上级领导找到我。因为我平常表现比较好，就有了这样一个机会。大概是1970年下的任务，上级领导找到我头上，问我能不能做。我当时也就大概知道这是个什么东西，因为在大学时还了解过很多课外的知识。其实根本不应该接，哪有学生刚毕业就能制造半导体的？那是需要很多条件的。但当时对当车工的我来讲，这毕竟是一个难得的机会。我就说没问题，能做，就把这任务揽下来了。揽下来后我就把一些同学召集在一起，什么基础都没有，白手起家，就开始干。

贰 在河北小县城做半导体

县里专门给找了一块地方,发了一些钱买设备。国家配了一些钱,同时在几个地方布了点,石家庄一个点,张家口一个点,北京也有点,几个点同时进行。当时做的这个大功率半导体晶体管主要是为雷达用,就是国防需要,要求输出功率100W。我后来看到材料上说美国当时大概也是做的100W,就是频率比我们高,他们是100MHz,我们是50MHz。我们当时设计的是50个三极管并联在一起,也有一些电阻电容的东西,实际上是一个集成电路的概念,但不是真的集成几千个器件的集成电路,但在当时也很了不起了。

在当时来说,这个也是比较尖端的。我们没有测试设备,需要到北京测试,我当时去电子工业部电子管厂测试,测出100W了,他们还挺惊讶的。因为他们的技术条件、设备条件比我们好很多。

我们做的晶体管测试了几批后,发现功率做得非常好,报纸也报道了。因为做出来了,电子工业部决定投资建个厂。我也因为这个调回了北京。我回来的时候，组织给我档案写的可能也很好，所以我到了那个大唐研究院[3]。我调到那里时，那边有一个半导体所。研究院的领导看了我这个档案以后，就非要让我到半导体所，说你去当技术负责人也行，当行政负责人也行，让我挑。可我不想再搞半导体了。为什么不做呢？是因它工序很多，几十道工序做起来，需要高度协调、高度统一，才能把它做成功。以前是我们几个人说了算，在县城里做这个工作，我们招的都是当地的高中毕业生，工序让怎么改就怎么改，让怎么做就怎么做。但是在北京，每一道工序都由几个大学毕业生来做，还有一些专家，互相不服气。这道工序出来了，分析说要改，他不服气，说是上一道工序的问题，扯皮情况多。

当时在县城，论技术条件、设备条件，我们都没法跟别人比。但是我们唯一的优点，就是我们说了算，我们的指挥非常灵活，效率非常高。你不一定百分之百都讲对了，但是你会知道你讲错了，下次你可以再重新来过，总比没有结果要好。所以我们能做出来，别人做不出来。

本来，我可以更早一点调回来。公安部原来有个研究所同意调我过去，而且可以有北京户口，给留一个多月时间办手续。正好在办手续过程中出了个事，我就没走成。当时我的一个北大无线电系的同学和我在同一个工厂工作，在我到北京出差的时候，他指导了一批管子的生产。由于经验不足，管子全报废了，当时他就被厂里认定是故意破坏。因为几千个管子，每个管子定价为 500 元，相当于一台黑白电视机的价格，这在当时是一个很大的损失。这事发生后，我就被从北京叫了回来。我回来以后，表示应该相信他。我说这个事情不怨他，我做这个事情也有可能犯同样的错，报废不能全怪他。当时我还是有一些威信的，就把他给保护起来了。**遇到这种事，不管这个人是不是朋友，你都应该这样做，你应该善待每个人。**但这件事也带给我一个损失，就是把调到公安部那个研究所的机会错过了。因为领导担心我当时走了这个工厂就没法运作了。

光荣与梦想
互联网口述系列丛书
刘韵洁篇

做出通信软件差点就发了

你调回来以后,不想做半导体了,那你当时想做什么?

* * *

当时我就想搞计算机。我不做半导体,就是嫌它的工序太多了。我在河北那边干半导体干了三年,一个人在那儿牵头,理论基础、设计基础都打得非常好。因为我的基础好,上级就希望我去半导体所上班,还给我承诺职务,但我当时就盯着数据所。所有计算机室的人,都想去数据所。因为搞计算机没那么多复杂

叁 做出通信软件差点就发了

工序，自己就可以设计了，而且计算机又是很有前景的一种技术。

钟夫翔[4]当邮电部部长的时候，主张做一个通信用的计算机，就列了这么一个项目，然后就把我调到那个项目组里去了。但他们说，我要做计算机，就得从技术员做起，没有任何职务。那我就从技术员做起。刚调过去时，我什么都不太懂，不知道怎么设计计算机。我去之前他们可能搞了两年多时间，也没有什么大的突破。

20 世纪 70 年代，我们的计算机是按照小型机来设计的，就是 PDP[5]那个系列的。当时可能通过有关部门，项目组拿到一本计算机设计程序代码一类的资料，但那些代码根本看不懂。怎么破解这些代码，就成了问题。我去了后，他们就分给我一些比较难的，关于计算控制那部分。当时领导让大家各自看一个月，之后再交流。大家交流的时候，由于还是没看懂，就没什么可交流的。后来我看懂了，当你看懂了一部分后，所有部分也就慢慢能看懂。因为我到项目组以后，攻克了一些难题，看懂了一些别人看不懂的编程代码，所以随后领导就破格让我也做项目负责人。后来我就当了室主任，再后来就提升为副所长、所长。当时我们做计算机，硬件、软件都得懂。后来钟夫翔不当部长了，这个项目下马了，我也借着这个机会，转到通信领域（就是计算机网络）了。

你是什么时候真正接触计算机网络的？怎么就转到通信领域了？

* * *

其实，在数据所那几年做计算机设计时，我也算接触了一些。当时邮电部引进了一台大型计算机，但那时候的大型计算机，实际上连现在的小型计算机都比不上。为这个，我还带团到日本学习过十个月。大概是 1979 年去的吧，我当团长。那十个月，对我来说也是一次锻炼。那时候我主要学硬件和编软件。我记得第一次编软件，是用 COBOL[6] 编一个具备财务功能的软件，有中文的和片假名[7]的打印，也挺复杂的。我编出来后，第一次测试好像有三个错；第二次改，结果错变成五六个了；但第三次就一次通过了。那个老师就说："你要没几年的软件基础，你根本做不到这一点。"其实我几乎一点基础都没有。

当然我有一个比较好的背景，就是我在有了设计计算机的基础后，再转行搞通信的。在数据所的那几年，我还是积累了一些计算机在硬件、软件上的知识的。**我也是阴差阳错地，赶上前面做的工作都为后面的发展打下了一些基础**。那个时候，日本也还不具备计算机网络，就是一个大型计算机联机系统，通过专用终端[8]远程连接到大型机主机系统。终端联网的协议[9]也是专用的。我发现那里面有个通信系统，是有协议的。我就拿一个电传机和主机联机试，把那个协议给试出来了。测试过程也很简单,就是我给它一个询问,它给我一个应答。我就在那儿反复地试,最后把它的通信协议搞清楚了。

我把那个通信协议搞清楚,目的是想把国外大型机与国产的 TQ15、TQ16 等计算机连起来。搞个计算机联网系统。异种计算机联成一个网,这是国内第一个做出来的。当时我还有一个创新的想法,大约在 1980 年,清华刚做出 PC 机,我就买了两台,把 PC 机改造成一个网络终端,然后给它加上通信软件。胡筑华[10]是数据所的,这个事情是我自己设计的框架,她写的软件。

我们做的就是一个通信软件,类似一个浏览器。这个东西,PC 机刚出来我们就做出来了,但是在中国当时就是没有这种商业头脑。胡筑华后来跟我说:"刘所长,当时我们如果有经济头脑,在那时申请专利,我们俩就发了。"我是过了六七年以后,在计算机报上看到 IDG[11]有个预测，说未来几年，PC 机加上通信软件，具有广阔的应用前景。实际上，那时我们已经做出来五六年了，就是没有经济头脑。

光荣与梦想
互联网口述系列丛书

刘韵洁篇

颇受欢迎的专家所长

你做了那个通信软件后,又做什么了?你当数据所负责人后还在继续做网络吧?

* * *

嗯,我个人看法,我对数据所的贡献就是做了这么个网络。数据所原来就做调制解调器,就是 Modem[12],做一些终端,没有做网络的东西。我是第一个做成大型计算机网络的。因为这个,我很快担任了室主任和副所长,1988 年担任所长,一直到 1993 年。我担任所长后，专业业务上还是不断出了些成绩，说起这个，我还是很欣慰的。

一般的所长，懂技术的所长，很难跟你这个所的技术骨干搞好关系。为什么呢？主要是当所长的攥着资源，跟普通的技术专家攥的不一样。如果你还想在专业上有所建树的话，你可能要跟大家抢资源，大家心里会不服气。我是怎么解决这个问题的呢？我不做重复的工作，以免影响我在专业上的追求。我当了所长不能不让我搞专业，搞专业我就做新的没做过的，就是他们做的事我不做，我做他们还没做的事情，我比他们提前一个节拍。这样呢，我跟胡筑华、李朝举[13]这些数据所的老专家，成了好朋友，到现在都是好朋友。

具体就是，比如做计算机网络系统，因为他们没有这个经历，我直接负责这个项目。我提出了项目，领着他们去做。他们在做计算机联网系统工程时，我就开始看 X.25[14]的协议。当国家开始要发展 X.25 网络时，因为他们没有准备，我就跟他们讲 X.25，讲了以后，他们开始做，我就又看 ATM[15]，做 ATM 了。当他们做 ATM 时，我又看互联网了。就是我总比他们提前一个节拍，而且我总是对他们有帮助，而且做出的成果都是他们的，我也不跟他们分。这样的所长哪有不受欢迎的道理。

而且我当时确实有这个条件，很早去上班，开始做自己专业的东西。我当时就住大唐那个研究院里，学院路 40 号。因为住得比较近，我就提前一两个钟头去上班，先做自己专业的东西，这个主要得益于有专业的兴趣和追求。**这个所长你要当，要大家服气，就尽量别跟大家抢资源，不跟大家抢成果，你对他们有帮助，他们就很开心，所以我跟他们关系非常好。**

光荣与梦想
互联网口述系列丛书

刘韵洁篇

催生中国第一张公众互联网

伍 催生中国第一张公众互联网

你是 1993 年开始到邮电部筹备数据局的吧？大概是在怎样的背景下开始筹备工作的？当时国内有互联网的概念了吗？

* * *

是这样，我们数据所当时就在做数据网。那时候我当所长，就一直跟部里呼吁，要建设数据网。因为那时候许多部委都购置了大型计算机，接下来肯定要建网的。当时大型计算机联网都要各自覆盖到全国，比如，海关的网覆盖到全国，经贸委的网也要覆盖到全国。每个部委的系统都是联机系统,联机系统就需要走专线。但那时专线资源很稀缺,光网不像现在这么发达,于是就产生了供需矛盾。1988年以前,邮电部曾经引进过法国一个基于X.25协议的数据网络,引进了三个节点、八个集中器,覆盖了十一个城市,这个项目搞了四五年,才发展了1296个用户,这个数字我记得很清楚。那时候朱高峰[16]当邮电部副部长,他找我谈,问我为什么发展了四五年,才发展了1296个用户。我认为这是运营商的事,我在数据所,不管经营。我就给他解释:每个部委的需求,都是从中央到省,从省到地市再到县里,关键是我们的网络仅仅覆盖了十一个城市,大家都不好用。他吸纳了我的建议,决定把X.25数据网络覆盖到全国。这个网络经专家评选决定采用北方电信的技术,为此邮电部需要筹备这样一个专门的机构,来管理网络的设计、建设和运营工作,这是中国互联网能快速发展的组织保证。1992年下半年的时候,部里找我谈话,让我到部里负责筹备

伍 催生中国第一张公众互联网

邮电部数据通信局。我说服从安排，一开始到部里我们只有五六个人，如何尽快把全国的数据网建立起来，如何把业务发展起来，如何把全国的队伍建立起来，这对我们来说是一个很大的挑战和考验。

数据所和数据局还是很不一样的。数据所主要还是一个研究机构，和全国各个电信管理局没有直接关系。而数据局就是邮电部的一个管理部门了，和全国的每个电信管理局都得打交道。但它又不是单纯的管理部门，还得负责网络的建设项目，如北电 X.25 的项目、DDN 网项目、宽带网项目、互联网项目等。当时数据局成立的目标就是发展数据网，刚开始还没有清晰的互联网概念。但数据网就是计算机联网，把各个部委引进的那么多大型计算机联网，所以一开始互联网仅是其中的一个组成部分。

要实现各部委的计算机联网，我们还有一些技术问题需要解决。那个时候，电子部是负责搞计算机和电子产品的，网络是邮电部负责的。当时各部委主要用的是由国外引进的大型机和国产的 TQ15、TQ16 两种小型计算机。北电那个项目就是为了解决计算机联网的问题。当时这个项目发展得很不错，网络覆盖面扩大以后，第一年就有一万多用户，后来发展了十几万用户。总之，它还是发挥了很大的作用的。

我国开通互联网还是挺早的。1994 年，国家就面向公众开通了互联网业务。当时美国一个商务部长到北京访问，他参加了邮电部电信总局与美国 Sprint 公司[17]合作的第一条连接美国互联网光缆的签约仪式。签约时间大概是 1994 年 9 月[18]，不久国家就通过光纤联网第一次对全国公众开通了互联网业务。

那时候带宽很贵，查阅检索美国的科技文献资料是互联网的主要应用。当时能看懂英文的只有小部分的知识分子，因此互联网主要是高等院校、研究机构在使用，与普通老百姓基本没有关系。

伍 催生中国第一张公众互联网

大概是 1995 年，在夏威夷开全球互联网大会时，我跟大会的主席、MCI[19]的一个副总裁谈了一次，他的话对我刺激很大。我跟他说，运营商的电话网、电报网，国际互联的准则都是各负担一半电路费，然后是业务上的结算。为什么互联网接入到美国的电路费全是我们出，这不光我们一个国家，所有国家都这样。我说这明显不合理，能不能改改这个规矩，还按照运营商传统方式结算。

因为我来自邮电部，他还是比较客气的。他说："刘先生你讲的是对的，但是我们美国的网民用户，没有要求连到中国的业务。中国互联网也没有内容可供我们美国看，是你们中国的用户要求连到美国，你们愿意接就接，不愿意接就不接。"

这件事对我刺激很大，所以回来后，我就下定决心，要推动中文应用的发展。如果中文内容没发展起来，那中国的互联网就只是国外互联网的一个接入网，根本就不是真正的互联网。当时最主要的困难，就是价格怎么能降下来，让老百姓能用起来。因为互联网的国际带宽的接入费用还是比较高的，研究所、大学还有一些科研经费能用，但老百姓用不起，于是我就想在互联网中设计一个虚拟网。因为当时路由器的功能还没有像现在这样强大、这么方便，所以我想在163网[20]上设置一个虚拟网，把国内、国际两种资费区别开：要出国的，费用贵就贵吧，没办法；没有出国的，费用就降下来，以此来推动中文内容在国内的应用。

1994年，你就在光网基础上做ChinaNet[21]网了？

* * *

对。1994年与美国互联的光网虽是邮电部出面签的，但实际是我们洽谈、我们操作的。1994年，我们面向市场提供服务后，市场反应还可以，于是就开始做ChinaNet第二期工程了。一开始，我们第一期工程实际上是跟美国Sprint公司签的，但它没有能力做中国的业务，因为美国的市场它都做不过来，它就包给亚信[22]来做。我们原来根本不知道谁是亚信，更不知道这几个人是干什么的，就是通过这个项目才认识的。我们开通这个业务后，慢慢知道这个业务如果没有一个团队长期合作支持肯定是有问题的。我曾跟刚才说的那个在夏威夷见到的 MCI 副总裁提过这个事情。我动员 MCI 来中国做互联网业务，MCI 进来就会跟 Sprint 形成竞争，我们就可以有个选择。**结果 MCI 副总裁跟我说，他也是美国的市场都做不完，他要做中国市场肯定要做好，但他们根本没有能力来中国做，所以他不准备进入中国这个市场。**但是邮电部做第二期互联网工程时，Sprint 与亚信掰了，掰了以后这两个公司就同时来竞争了。

当时第二期选 Sprint 还是亚信，这是个很难抉择的问题。最后我们选了亚信，从现在的角度看这个决定还是经得起推敲的。Sprint 当时不肯投入人力，找别人来做，根本靠不住嘛。那还不如找亚信，培养一支队伍来专门为我们做这个事情。最后数据局几位领导意见一致，并得到总局和部里领导的同意，决定由亚信来做。

光荣与梦想
互联网口述系列丛书

刘韵洁篇

被误以为是亿万富翁

你在建设 ChinaNet 骨干网的过程中,觉得最难的是什么事?

* * *

最难的是什么?就是转变邮电系统的传统观念。因为那时候固定电话是供不应求的,电话初装费都要五千多元钱。电话还没接入,五千多元钱就预交了,成本就收回来了,所以说当时即使投入大量的人到电话网,仍供不应求。那时候人们还看不到数据业务的效益,怎么让他们去做数据业务,怎么能让他们重视互联网?这个是最难的。

当时建网,最重要的就是需要在各地成立数据局。当时要是不成立数据局,就没有专业队伍,业务就没法落地,就别想把互联网搞好。我记得很清楚,当时一个国内网络方面的专家在夏威夷开会的时候就跟我说:"老刘,搞电话网、电报网,你们行;互联网是计算机网,邮电系统搞不了,你们别搞了,搞也搞不出来,我们搞好了,你来做服务。"我跟他说:我不同意这个观点,如果互联网电信部门都搞不了,那互联网根本就发展不起来。几千万～几亿的用户,没有公众网的服务,那这个网根本不可能成为全球的一个趋势。那个时候就有很多专家都看好这个网。

刚开始的时候各省电信管理局多数人不重视数据网络的发展,觉得这些新业务离他们还远。正好在北戴河有一个会议,那大概是 1995 年夏天,在北戴河开了一个邮电部各省市电信管理局局长的会议。我很感谢徐善衍[23],后来他曾担任科协副主席,在这次会上他给我安排了一个发言,大约 30 分钟。我就利用这 30

分钟，讲为什么要成立数据局，为什么要有这样一支专业队伍，互联网业务如何重要等，把这些管理局局长讲动了心。那次会朱高峰副部长也参加了，当时他正准备调到工程院去当常务副院长。本来没有安排他发言，我讲完了，他很受感动，主动走上台即兴地讲了一段话。他说："就像刚才刘韵洁讲的，我们要配年富力强、有技术、有专业背景的这样一支队伍。我以后也没法去检查你们，也没有这个权利要求你们，你们也许会把我说的当耳旁风，但是我希望你们看长远一点，要重视刘韵洁提出的这些希望。"**这次会把各地方管理局局长的那个火苗点起来了，回去后他们就纷纷成立了数据局。这对整个发展是非常重要的。因为光有总部几个人，没有全国的支持力量，是不可能把这个事情做好的。**

对于 ChinaNet 网，我比较欣慰的是，在第二期扩容阶段，制定总体技术方案时，我就力主采用扁平化方案，原来都是三级结构，我觉得要改成两级结构。

一期的互联网结构，是全国八个大区一级、省一级、地市一级，三级结构。我建议变成两级，不要八个大区这一级，变成省地两级。当时我们请了 Sprint 和 MCI 的专家来讨论，能请的人都请来了。有两种意见，我是力主扁平两级结构，更多的人觉得三级结构比较安全一点，说它可以聚合得更小一点。那些外国专家出于保守的考虑，还是建议三级结构，我最后就服从了多数人的意见。但是后来不久大家就发现，这三级结构不如两级，最后还是变成两级了。**这些技术的大的方向，我的敏感性还是很好的。但在互联网的结构方案决策方面，我还是很民主地服从多数人的意见，但是我保留了自己的想法。**

其实，我认为我做的最重要的事，是让 ChinaNet 从知识界转向了普通百姓。这是中国互联网最具标志性的一个转向，否则中国互联网的发展不会如此顺利。可以说，当年我们邮电系统的主要贡献，就是快速把网络覆盖到全国各地，并且把这个网管理好维护好，使大家能方便灵活地上网；另外就是，千方百计地降低资费，使老百姓用得起这个网，把业务尽快发展起来；当然最重要的一点是，与社会各界联合起来共同推动中文内容的开发与发展，以真正适应广大群众的需要。

那时候各地搞"信息港"，也是我们推动的。当时我们还成立了一个系统集成中心，准备搞应用，但后来我因为工作调动，就无法再关心数据局的工作了。1998年美国的《时代周刊》报道了我，我也感觉很突然。那以后，给我打电话的人很多，邮件也很多，有祝贺的但主要是让我捐款的。他们知道那些当选"数字英雄"的人都是亿万富翁，便想当然地以为我也是亿万富翁。有一些国家的教会都来让我捐款，让我哭笑不得。

1997 年、1998 年还有没有发生什么特别的故事？早期互联网的发展中，在通信领域，你觉得哪些人是有开拓性贡献的？

* * *

1997 年、1998 年，那时候主要是发展业务了。我个人的看法，在中国早期互联网的发展过程中，具有开拓性贡献的，第一个就是朱高峰院士。我认为他主导了中国互联网早期的发展。如果没有他在后面支持我们成立数据通信局，我们不会做得这么好。我认为邮电部主导的中国互联网的发展比欧美国家传统电信运营商主导的互联网的发展都要早，我们 1994 年开通互联网业务时，美国 AT&T[24]、贝尔公司及国外大运营商都还没启动。

朱高峰当时在邮电部里分管这一块，到 1995 年调走以前，互联网业务一直是他主管。当时的一些政策、资费，都是他拍板定的。我们当时主动调低了网络资费，胡启恒[25]、吴建平[26]这些早期对中国互联网发展做出贡献的领导和专家都在多个场合说，我们国家在资费和提供服务方面的政策是相当开明的。要没有这样一个环境，中国互联网怎么会发展成现在的水平，光邮电部一家是发展不起来的。包括成立 CNNIC[27]，当时邮电部也有人想做，我坚决反对，我觉得这种组织应该由第三方来担任。

光荣与梦想
互联网口述系列丛书
刘韵洁篇

在联通达到业务上的高峰

柒 在联通达到业务上的高峰

1999 年到联通任职后,你自己觉得有没有什么干的比较带劲的?

* * *

我个人觉得,我在联通的主要成果就是新建了一个统一的综合业务数据网。很多人以为我到联通后,只需把我在电信怎么做的,在数据局怎么做的,在联通照做一遍就成了。果真如此的话,技术是没问题的,我就是再做一遍而已。但从业务模式上来讲,几乎可以断定不会成功,**因为那会儿电信的互联网网络已经**

很庞大了，从零开始，你怎么做也做不过中国电信。没有特色肯定失败，不仅是技术的失败，更是决策的失败。所以我需要找到一种模式，建立一个统一的平台，就是所谓的综合业务数据网，把所有的业务，如视频、语音、互联网等，都融合在一起。

但是当时要做到这一点，在技术上还有问题，国内、国外都没人做过。所以，我觉得在联通的那阵子，我做了件至今仍感觉很自豪的事情。

要建综合业务数据网，技术上最大的一个挑战就是，用路由器来实现这个方案是行不通的。通过普通的互联网传语音，当时基本解决不了服务质量这个问题。另外，你用ATM，但是ATM根本不适应IP业务的发展，而IP业务将是网络中的主要业务模式。那你怎么建这个综合业务网呢？路由器肯定不行，ATM肯定也不行，但当时除了这两项技术又没有别的技术了，我就把这两个技术融合起来了。别人以为我是用ATM

和路由器一起组网，实际上我是把它们两者融合为一体：在 ATM 底层的流量工程和 OAM[28]基础上，通过软件设计虚拟的路由器来实现有服务质量保证的 IP 业务。比如说我要做五个虚拟网，我在每台设备上都设计五个虚拟路由器，每个路由器各自组成一个网，一个路由器跑语音业务，一个路由器跑视频业务，一个路由器跑互联网业务，还有个路由器跑类似于 DDN[29]的电路仿真业务，另外一个跑移动互联网业务。

我认为，当时实现这个方案的技术难度很大。**现在未来网络中的软件定义网络 SDN[30]要做的也是这个东西，就是虚拟化**[31]。**"软件定义网络"，实际上我 1999 年就开始在做了。**可能你们都觉得不可思议，实际上我原来在联通做的那个统一网络平台，就是用虚拟化技术，用"软件定义"技术来实现将多种业务融合在一个统一的网络平台中的。这在全球的电信运营商中是第一个实现的。为什么会在中国联通实现呢？因为中国联通有以杨贤足[32]为首的领导班子的大力支持,有一支非常有创新精神的骨干队伍。杨贤足董事长是我非常敬重的良师益友。

光荣与梦想
互联网口述系列丛书

刘韵洁篇

未来网络的方向

不同国家、不同人群对互联网的看法和理解仍存在很大差异。你怎样理解互联网？你怎样认识和评价它的利弊得失？你对互联网的"管"和"放"持什么态度？[33]

* * *

在互联网的发展过程当中，人们对互联网的看法就一直存在差异，可以说人们对它的争议贯穿始终。互联网发展到今天，应该说绝大多数人对它的看法趋于一致。互联网的作用，它的社会功能，它给整个社会带来的便利和效益,对社会发展的推动等,都是有目共睹、不可否认的。应该说,互联网的发展是不可逆转的。

当然,互联网由于它的开放和难于管理等特点,也带来一些问题。例如,黑客攻击、色情泛滥、数据泄露等,给国家和社会也带来安全隐患和潜在威胁。所以,我的观点是要发展,同时要管理。

在互联网的发展过程中,我们始终很重视互联网的安全问题,把管理放在很重要的位置。互联网安全了,人们才能认可,也才能获得真正的发展。

还有,互联网的安全和管理不光是我国重视,世界各国莫不如此。我们曾走访过很多国家,对这些国家的互联网安全和管理机构及其工作做过深入了解。在互联网安全问题上,大家面临的问题很相似。总之,互联网要发展,管理是非常必要的,管理工作将始终伴随着互联网的发展。其实,随着互联网的普及,人们对它的态度会越来越宽容。因为互联网将变得可控、可管理，互联网并非洪水猛兽。

听说你目前又在领导组织未来网络技术的研究，能介绍一下吗？

* * *

我们为什么要开展未来网络的技术研究呢？主要是因为互联网发展太快了，任何业务、任何事情都想借助它来实现。而在几十年前设计互联网时，人们根本就没想到它会发展成现在这种状态。可以说原来互联网的结构设计已难以适应当前业务的发展及今后更大的需求。我是 2005 年第一次在国内宣传要开展对未来网络技术的研究的，因为传统互联网的核心技术主要掌握在美国手中，中国基本是跟随状态，但未来网络是互联网发展的重大变革，中国若再不做好准备，当未来网络形成高潮时中国又会处于跟随状态。

捌 未来网络的方向

2006年,我尝试动员国内在互联网领域中实力很强的一家企业部署力量开展对未来网络技术的研究,未果后,我只好于2007年组织了中科院计算所一支团队、北京邮电大学一支团队和清华大学一支团队,三个团队分别对未来网络三个主要方向进行协同攻关。由于当时大家并不知道未来网络的重要性和可行性,所以未得到国家的经费支持,这三个团队只好自筹资金进行科研,实际上是在花自己单位的钱。2011年,南京市政府了解到这一情况后,将这三个团队吸引到南京落户攻关创业,成立了江苏省未来网络创新研究院,并给予经费、政策等方面的支持。一开始大家曾担心,主要核心骨干的家都在北京,怎么会安心在南京创业呢?能坚持下去吗?实践证明,不仅能坚持而且越做越大。研究院从最开始的三个团队一百多人已发展到十八个团队五百多人,取得了比预期好很多的结果。目前很多外地的科技团队慕名而来,资本投资公司也开始对这个团队及研究成果进行投资评估。我们的实践也证明了,习总书记多次提出的要集中力量办大事的号召。我们的实践还证明，如果有好的体制、机制和政策，中国的科技人才的原始创新能力是可以焕发出来的。

由于我们在未来网络领域已有七年之久的持续的科研积累，我们团队已于2013年8月8日开通了全国首个未来网络实验基础设施，并与美国的GENI和欧盟的ONELABLE互联，团队的研究成果已应用于电信运营商、广电和国防等部门。这与2013年国际上兴起的"软件定义网络"的并购、发展高潮不谋而合，互相呼应。国内外专家对于团队取得的成果给予了高度评价，多位国家领导人曾来研究院考察指导，并给予了极大的鼓励。我们会继续努力，为中国在未来网络发展的机遇中争取更多的话语权而奋斗。

（本文根据录音整理，文字有删减和润色，但确遵原意，出版前已经口述者确认。感谢王晓明等人为本文所做的贡献。）

语 录

○ 上学的时候,同学们都叫我"老头子",也许是提前老了,现在的变化反而相对小了。[34]

○ 工作为我提供了这个舞台,我只是在这个舞台上,做我应该做的事情。[35]

○ 我从来没有想过自己究竟是了不起还是了得起,基本上我一辈子都在通信和互联网领域做研究,只是觉得如果中国错失机会将非常可惜。[36]

○ 尽管我们是网络大国,我们的移动用户数是全球最多的,我们的互联网用户数也是全球最多的,很多都是最多的,但是核心技术,原始创新的东西不多,基本上都是跟随着国外的技术。这一定程度上失去了建设网络强国的可能。怎样才能真正地建成网络强国?我个人看法,必须有自己的核心技术,自己的核心网络设备,不是靠引进的。没有自主研发,没有核心技术,就没有网络强国可言。因此,我们的技术人员,我们的下一代未来网络,要从现在开始储备,以防以后需求旺盛的时候,国内的核心设备、关键设备又无法提供,还得引进国外的设备。[37]

○ 互联网现在面临很大的挑战,这个挑战大概有这么几个方面,互联网的发展远远超过我们预计的发展速度。那么现在这么快的发展速度,面临什么问题呢?大家知道 IT 行业的发展与芯片性能增长的速度相关,这个芯片增长速度按摩尔定律,18 个月性能翻番,但互联网的需求是每年都要翻番,七八年以前国际组织就认为互联网再这样发

展将不可期许，没有技术可支撑了。³⁸

○ 我这人实际上是那种性格比较内向的人，但做事情时，只要是看准了的，就有一种坚忍不拔的劲头。不管多么困难，我都会想办法去克服，决不会遇到困难就缩回去，有时候甚至碰得头破血流也在所不惜。成功在于坚持，在于百折不挠的精神。³⁹

链 接

没有巨额财产的精英[40]

刘韵洁,1943年出生于山东省烟台市,中国互联网(ChinaNet)骨干网的重要奠基人,被一些业界人士赞为"中国互联网之父"。在1998年10月5日美国《时代周刊》评选的"全球50位数字英雄"中,他名列第28位。

作为50位数字英雄中唯一一位没有巨额财产的精英,刘韵洁在面对媒体采访时一再表示,自己只是做了一些具体的工作，中国数据通信发展取得的成绩是国内许多专家共同努力的结果，是一种集体荣誉，而不是个人荣誉。

机遇属于有准备的人

1963年，刘韵洁考入北京大学技术物理系核物理专业。由于少年老成的缘故，刘韵洁总是被同学们叫作"老头子"。受到一些客观因素的影响，刘韵洁的学业进程并不顺利。1968年毕业时，刘韵洁真正在北大度过的学习时光只有3年。正是这3年的北大生活，不仅使刘韵洁一生难忘，也使他受益终身。

1968年，刘韵洁从北京大学技术物理系核物理专业毕业，抱着献身国防、投身国家核物理事业远大理想的刘韵洁，却被指令性地分配到河北省沧州的一家农具工厂当车工。对于这一大材小用的"发配"之举，刘韵洁困惑过、迷茫过，然而，骨子里的勤恳与认真使刘韵洁并没有在这一岗位上止步不前，除了严格要求自己兢兢业业地完成本职工作，强烈的求知欲驱使充满热情的刘韵洁迎接更多挑战。

不久后，上级单位下发给沧州地区一个研发军用大功率晶体管的工作，这在当时属于世界级难题，即使在发达的美国，也只能制作出功率 100W、频率 100MHz 的高频大功率晶体管。

在设备异常简陋、资料严重不足的情况下，刘韵洁勇敢地承担了这一项目，仅用了两年多的时间，在国内首先做出了合格的样品。

这次成功的实践使刘韵洁积累了丰富的经验，同时，并未消除他对计算机产生的浓厚的兴趣。凭着对未来的无限憧憬，刘韵洁舍弃了晶体管的研发、生产。

1976 年，刘韵洁被调到原邮电部数据通信技术研究所组建不久的计算机室工作。从此，他便与计算机和网络结下了不解之缘。

链 接

中国"互联网之父"诞生

1980年,国内首次引进了计算机联机系统,刘韵洁意识到了联网协作的广阔前景,主持完成了"异种计算机互联"的科研项目,并在国内首次实现了在PC机上加载通信软件与大型机的联网通信。

1981年,刘韵洁升任邮电部数据通信研究所计算机室主任;1982年,刘韵洁被评为邮电部有突出贡献的专家;1983年任邮电部数据通信研究所副所长;1988年任邮电部数据通信研究所所长。在邮电部数据通信研究所任职期间,刘韵洁组织领导制定了"中国公用分组交换数据网技术体制标准",这一标准被邮电部评为一等奖,大力推动了我国数据通信技术的发展。

1988年,我国引进了法国分组交换网,刘韵洁也开始了现代信息通信网技术的研究,到1992年年底,这一数据通信网络只发展了1296个用户。然而,刘韵洁在充分分析了当前形势后,向邮电部提出了"引进一个更大规模的全国网络"的建议,并得到了采纳。

1993年,刘韵洁被任命为邮电部电信总局数据局的负责人,并获得了政府特殊津贴的荣誉。数据局成立之初,总共只有五六个人。当时正是国内固定电话网高歌猛进的时代,数据局在成立各省分支机构时,遇到了很大阻力。在这一关键时刻,刘韵洁敏锐地意识到,只有电信部门积极参与互联网的发展建设,才能真正推进电信网络在全国的迅速发展。

1994年,刘韵洁开始正式着手筹建国内民众的公用互联网络。

1995年,我国公用互联网服务开始走上正轨,刘韵洁趁热打铁,提出了建设中国公用宽带网络的建议,自此,我国的数据网络建设开始了突飞猛进的发展。

中国联通的技术领路人

中国的数据网络迅速经历了从无到有的转变,当人们还在为网络世界的光怪陆离而惊叹不已时,已经年逾花甲

链接

的刘韵洁又开始了新的征战。1999年，刘韵洁调至中国联通任总工程师、副总裁。当年，原信息产业部批准了联通发展12个城市的IP电话计划。2000年5月批准联通网络覆盖到全国，而刘韵洁的任务是，建设中国联通的多业务统一网络平台。刘韵洁毅然决定将IP和ATM融合，形成兼有两种技术优势的新方案，再通过软件原理组成虚拟网络。这一创造性的思路使刘韵洁和联通走上一条前人没有走过的道路。

2003年年底，联通多业务统一网络平台已经创造收入217亿元，实现利润30多亿元，而按照传统网络建设需要三到四年才能实现盈利的思路，这是根本无法实现的。

2005年，由刘韵洁总负责的中国联通"多业务统一网络平台"获得了国家科技进步一等奖——这也是我国电信行业第一个获国家科技进步一等奖的项目。同年，凭借着在数据通信发展中的杰出表现，刘韵洁当选为中国工程院院士。

30 年感悟

机遇就是把握目前,只有把眼前的工作做好才能为将来的发展创造条件。

附 录

我国数据通信的发展、应用和构想[41]

刘韵洁

（于 1997 年）

当今世界，信息化高潮迭起，正对经济、技术和社会发展产生着巨大而深远的影响，信息化程度已成为一个国家现代化水平和综合国力的重要标志。信息化是一场革命，其结果将改变人们的生产、工作、学习、生活和交往的方式。作为信息基础结构重要内容的数据通信也就成为各国提高综合实力而竞争的焦点之一。市场经济条件下，为适应瞬息万变的市场，赢得竞争的主动地位，企业必须及时地获取信息，数据通信成为企业参与国内国际竞争、谋求生存发展的重要工具和手段。数据通信提供的丰富的新业务逐步走入家庭，它将改变人们的生活方式，提高人们的生活质量。

一、覆盖全国的高效先进的公用数据通信网基本建成

经过十几年大规模的投入和建设，中国电信基础传送网的覆盖范围和网络水平有了质的飞跃，实现了由人工网向自动网、模拟网向数字网的历史性转变。目前全国长途光纤总长已达 15 万公里，"九五"期间（指 1996—2000 年，编者注）中国电信将计划完成覆盖全国的"八横八纵"的光纤干线网络。高质量的光纤基础传输网络为公用数据网的建设打下了良好的物理传输网络基础。在短短的三年时间内，中国电信建成开通了覆盖全国的数据通信网络，其中包括中国公用数字数据网（ChinaDDN）、中国公用分组交换数据网（ChinaPAC）、中国公用帧中继宽带业务网（ChinaFRN）、

中国公用计算机互联网（ChinaNet）、中国公用电子信箱业务网（ChinaMail）、中国公用传真存储转发业务网（ChinaFax）、中国公用电子数据交换业务网（ChinaEDI），公众多媒体信息网和无线数据通信网正在建设之中。

中国公用数字数据网：ChinaDDN 于 1994 年开通，目前骨干网已通达所有省会城市，每个省市都已完成或正在建设本地的 DDN 网络，1996 年年底已覆盖到 2100 个县以上城市，端口 18 万个。ChinaDDN 利用数字通道在全国范围内提供中、高速率的永久或半永久的专用电路、帧中继和压缩语音/G3 传真、虚拟专用网等业务。

中国公用分组交换数据网：ChinaPAC 于 1993 年 9 月开通，网络规模已从最初覆盖的 30 多个城市扩大到目前的 2200 多个城市，网络端口容量从 5800 个发展到 13 万个。ChinaPAC 具有国际电信联盟（ITU）规定的分组交换的几十种基本功能和附加功能以及广播、虚拟专用网等功能，可满足不同接口速率、不同规程和不同终端的用户通信需求，并与世界上 23 个国家和地区的 44 个数据网互联。

中国公用计算机互联网：ChinaNet 是互联网（Internet）的重要组成部分，目前 ChinaNet 骨干网已覆盖 30 个省、自治区和直辖市，20 多个省市的接入网已经或正在建设当中。ChinaNet 的干线速率以 2Mbps 为主，国际出口总速率已达到 19Mbps，具有良好的安全性和扩展能力，除提供常规的功能和业务以外，还具有全网漫游功能，用户可以随时随地入网。ChinaNet 与 ChinaPAC、ChinaDDN、ChinaFRN 及 ChinaMail 等系统互联，用户可以选择电话拨号、分组交换网、帧中继以及专线方式入网，享用其中丰富的信息资源和各种信息服务。ChinaNet 成为国内技术先进、覆盖面积最大的计算机互联网络，它的建成运营为我国今后的信息服务业奠定了良好的基础。

公众多媒体信息网：它以中文信息为主，网络具有更为安全的组织和结构,更适合中国的国情,面向广大国内使用者,主要提供国内信息服务和各种应用。目前公众多媒体信息网正在建设中,部分省市已开始提供此项业务,预计到 1997 年年底覆盖全国。

中国公用帧中继宽带业务网:ChinaFRN 覆盖 21 个省会城市的骨干网一期工程已于 1997 年 8 月基本完成。该网采用 ATM 平台,提供信元中继(Cell Relay)和帧中继(Frame Relay)的永久虚电路业务(PVC)和交换虚电路(SVC)业务,具备标准的用户-网络接口(UNI)和网络-网络(NNI)接口功能,用户入网的速率在 64kbps～155Mbps。公用帧中继宽带业务网的应用定位于现有其他数据网的骨干中继汇接网,提供 2Mbps 以上的中继电路,满足日益增长的高速数据业务的需要。向社会提供多媒体通信、会议电视、远程医疗、远程教学等一系列的宽带通信业务,提供更加先进的数据通信手段、提高社会生活的质量和水平。公用帧中继宽带业务网的建成标志着我国数据通信网络建设已经进入到一个新的阶段。

中国公用电子信箱业务网：ChinaMail 由分布于全国的 15 套信箱系统组成，可以向分组网、电话网和用户电报网上的所有用户提供电子信箱服务。用户通过它可以与国内外电子信箱用户互通邮件，也可以向分组网上的非电子信箱用户投递电子邮件。

中国公用传真存储转发业务网：ChinaFax 传真存储转发业务可为国内、国际传真用户提供多址投递、定时投递、报文存档等服务。ChinaFax 已于 1996 年底基本建成并向全国提供此项业务。

中国公用电子数据交换业务网：ChinaEDI 根据国际标准开发的 EDI 系统已于 1995 年在山东、上海、深圳等地开通，并与国际 EDI 网络互联，已有许多集装箱货运、外贸公司使用该项服务。ChinaEDI 公用平台在全国 13 个城市设立了交换中心，向全社会提供 EDI 服务。

无线数据通信网：这种通信网通过无线方式进行

计算机终端间的数据通信。无线数据通信网与地面公用数据网互联，是地面数据网的扩展和延伸，它提供固定电话用户、移动用户和便携终端用户间的通信。无线数据通信网将于1997年在部分城市开放。

二、公用数据通信广泛应用于国民经济的各个方面

在数据通信网络建设大发展的同时，业务发展始终保持着高速增长的良好势头，数据通信日益广泛地应用于国民经济的各个方面，为各个部门的信息化建设提供了有力的支持。

1993年全国公用数据通信网络的用户不足2000个；1994年达到1.4万个；1995年用户发展到6万个；1996年公用数据通信网络用户总数已达16万个；1997年7月份用户总数已将近30万个。公用数据通信网络平台有力地推动了各部门、各行业的信息应用网络的建设与发展。国家各部委、银行系统、企业集团、科研院校等是目前数据通信业务的主要应用者，目前加

入公用数据通信网络的全国性重要集团用户已达60个。中国人民银行、各大专业银行、国家外汇管理局、外汇调剂中心、财政部国债司、人民保险公司、平安保险公司、以及全国各大证券交易公司等都已利用ChinaDDN或ChinaPAC建立起各种计算机信息管理系统、实时的计算机信息处理系统。这些应用系统的建立对于我国的外汇管理，为今后推进我国金融体制改革的顺利进行都有着深远的影响。政府部门通过公用数据通信网络建成全国性计算机信息系统。中科院利用公用数据网实现"百所联网"计划；兰州铁路局利用公用数据网建成"铁路货运信息系统"；全国新华书店系统建成"全国出版物发行信息系统"。公用数据通信为关系到国计民生的"金字"系列工程（"金卡工程""金关工程""金税工程"和"金企工程"等）的实施提供了坚实的网络平台，配合银行系统建立了公用数据通信平台和各种计算机信息应用系统，产生了巨大的经济效益与社会效益，公用数据通信网络已经成为名副其实的国家信息网络的主干道。

三、公用数据通信发展构想

1. 大力发展信息服务，为国内信息产业发展创造良好环境

开发利用适合我国国情的、有价值的信息资源是我国信息化进程中一项艰巨复杂的任务。这是需要全社会的共同努力才能做好的一件事情，尤其是有信息源和技术力量的部门应充分发挥各自的优势，积极培育开发、推广应用符合我国国情的信息资源。在这方面中国电信也将发挥自身的优势、采用先进的技术为其他部门提供公用信息服务平台。中国电信还要更好地为全社会服务，为加速我国信息服务业繁荣发展、有序竞争局面的早日到来做出努力。

2. 继续加强与其他部门的联合，进行多方面的合作

实现国民经济信息化是一项长期的、繁杂的系统

工程，国民经济各部门的密切协作是实现国民经济信息化的必要条件。信息化的实现必须融合不同部门在网络基础设施、信息源和开发应用等多方面的优势，动员全社会的力量共同促进国内信息产业的繁荣发展。为此，在今后的工作中，中国电信将遵循国家领导提出的"统筹规划，联合建设，统一标准，专通结合"的原则，继续加强与其他部门的联合，实现资源共享、优势互补，积极推进与其他部门、企事业的合作，并探索更多的对外合作方式。

3. 重视网络安全和信息安全

随着信息网络覆盖的区域越来越广阔，逐渐深入到社会生活的各个层面，网络用户存在的信息安全提供、安全传送、安全获取等一系列问题都变得更加复杂。为保证我国信息网络持续快速、健康有序地发展，我国应借鉴国外经验，从行政管理、法律法规以及技术等方面采取综合治理措施，保证网络用户不受非法侵害，杜绝危害社会安定、败坏社会风气的有害信息在网络上传播泛滥。中国电信网上提供的各种信息服务将认真地执行国家的有关规定，严密地遵循有关管理并采取技术措施，为我国信息化的健康发展做出自己的努力。

相关人物

"互联网口述历史"已访谈以上相关人物,其"口述历史"我们将根据写作、编辑、确认、授权情况陆续推出,敬请关注!

访谈手记

方兴东

原中国科学院副院长、中国科协副主席胡启恒曾言:"互联网进入中国,不是八抬大轿抬进来的,而是从羊肠小道走出来的。"那么,刘韵洁无疑是这个羊肠小道的铺路人,也是中国互联网从羊肠小道走向开阔大道的关键开拓者。在他的努力下,互联网真正从科学家的小众群体走向了普通大众。

初见刘韵洁时,他刚刚被美国《时代周刊》评为"全球 50 位数字英雄"之一。作为 ChinaNet 的重要奠基人,他被业界人士赞为"中国互联网之父"。中国互联网作为全球互联网的后来者,由体制内外的双重力量驱动,是一个"众人拾柴火焰高"的集体努力的结果。很难真正有一个人可以坦然承受"互联网之父"这顶"桂冠"。

学者型管理者的刘韵洁，更没有热衷于这样的一顶"桂冠"。

在中国互联网崛起的背景下，从大众与媒体层面来讲，电信运营商始终都是作为一个"对立面"存在的。但是，刘韵洁为我们提供了另一种形象。他温文尔雅、平易近人、富有理想、跟踪前沿，与大家想象中的"运营商形象"不同。同时，他也为运营商辩解：我认为邮电部主导中国互联网的发展比欧美国家传统电信运营商主导的互联网的发展都要早。我们在1994年开通互联网业务时，美国AT&T和其他运营商公司都还没启动。

这个说法是客观的。在中国，电信运营商的社会形象似乎有些不佳。但是，中国互联网在20世纪90年代中期开始强势起步，到今天中国网民数量一骑绝尘。除了BAT（指百度、阿里巴巴和腾讯，编者注）等互联网公司高涨的创业精神的巨大作用，我们也不能忽视为每一个网民提供上网基础设施的运营商的贡献。没有运营商强大的基础设施建设，中国网络的奇迹从何发生？我们每一个网民如何顺畅上网？

在很大程度上，刘韵洁就是中国运营商在互联网方向上努力的最佳代表。如果说钱华林是中国域名层面的开创者，那么刘韵洁无疑是中国铺设互联网基础设施之路的关键人物。他讲述的这段历史，无疑是可信、深入、全面的。

我们找刘韵洁做口述历史时，他爽快地答应了。在谈论精彩的故事之外，我们还聊到了设在南京的未来网络创新研究院。后来，在访谈 TCP/IP 发明人鲍勃·卡恩的时候，卡恩兴致勃勃地谈论未来网络的架构和安全问题，这使我不由地想起了刘韵洁。他们都忧虑于现在互联网的不完善，都希望通过新技术，探索一些新的方向，也都野心勃勃同时兢兢业业。

当年互联网的缔造者，在从事这项事业的时候，都不可能想到自己创造的东西有一天能够对世界产生如此巨大的影响。而今天，包括众多互联网大咖在内的很多人野心勃勃地重新勾画着互联网的全新蓝图。但是,互联网的最终的走势确实难以预测。这大概也是互联网最大的魔性所在,同时也是最大的魅力所在吧!

  但是,我们看到了刘韵洁几十年的努力,这种努力,代表了他的愿景和追求,更代表了他的一种情怀和精神。至于是否所有事情均能得偿所愿,我觉得并不是最重要的。

图为方兴东采访刘韵洁当天的访谈笔记（部分）。

人名索引

本书采用随文注释的方式。因书中提到的人物较多,一些人物出现多次,只有首次出现时,才会注释。为方便读者,特做此索引,并在人物后面注明其首次出现的页码。

D

邓朴方…………………………017

H

胡筑华…………………………030

胡启恒…………………………051

人名索引

L

李朝举…………………………034

W

吴建平…………………………051

X

徐善衍…………………………046

Y

杨贤足…………………………056

Z

钟夫翔…………………………027

参考资料（部分）

[1] 刘韵洁. 我国公用数据网的现况及发展[J].中国计算机用户，1994(12).

[2] 刘韵洁. 中国公用数据网的发展及国家经济信息化网络的组成[J].中国计算机用户，1995(1).

[3] 刘韵洁. 我国数据通信的发展、应用和构想[J].电子展望与决策，1997(6).

[4] 刘韵洁. 中国的数据通信[J].中国科技信息，1997(21).

[5] 刘韵洁. 中国联通公用数据通信网发展的设想[J].电信科学，1999(7).

[6] 蔺玉红．中国联通解析当前电信热点[EB/OL]．(2000-08-23).http://www.gmw.cn/01gmrb/2000-08/23/GB/08%5E18521%5E0%5EGMC4-210.htm.

[7] 刘韵洁．下一代网络助力 SP 业务创新[J].互联网天地，2004(3).

[8] 韩昊，王继英，龚宪．梦想照进现实——访中国工程院院士刘韵洁[J].世界电信，2007(1).

[9] 新浪科技．中科院院士刘韵洁访谈实录[EB/OL].(2008-04-08).http://tech.sina.com.cn/t/2008-04-08/13112124853.shtml.

[10] 墨末．中国信息通信网的开拓者——记中国工程院院士、中国联通科技委主任刘韵洁[N].人民邮电报，2012-06-27(8).

[11] 祁鹏宇．刘韵洁：统一目标是三网融合的关键[EB/OL].(2010-08-29).http://v.gmw.cn/content/2010-

08/29/content_1232081.htm.

[12] c114中国通信网. 刘韵洁：没有高端成果就没有发言权[EB/OL].(2011-01-05).http://www.c114.net/persona/498/a573861.html.

[13] 刘韵洁. 刘韵洁院士谈物联网产业[J].中国品牌与防伪，2012(3).

[14] 凤凰科技. 刘韵洁谈OTT免费：羊毛出在猪身上运营商提供羊毛[EB/OL].(2014-03-30).http://tech.ifeng.com/it/special/2014lingxiufenghui/content-3/detail_2014_03/30/35286893_0.shtml.

[15] 网络大数据. 专访刘韵洁院士：关于未来网络的中国梦[EB/OL].(2014-06-24).http://www.raincent.com/content-88-1861-1.html.

[16] 王玲.刘韵洁：中国应抓住未来网络变革机遇[J].高科技与产业化，2014(7).

[17] 国家互联网信息办公室,北京市互联网信息办公室. 中国互联网 20 年:网络大事记篇[M].北京:电子工业出版社,2014.

[18] 王峰. 中国互联网带宽年年扩容,但问题仍严重[EB/OL].(2015-04-22).http://news.sohu.com/20150422/n411647342.shtml.

[19] 闵大洪. 中国网络媒体 20 年(1994—2014)[M]. 北京:电子工业出版社,2016.

编后记 1

站在一百年后看

赵 婕

热闹场中做一件冷静事

昨天、去年的一张旧照片、一件旧物,意义不大。但,几十年、上百年甚至更久之前,物是人非时的寻常物,则非同寻常。

编后记 1

试想,今日诸君,能在图书馆一角,翻阅瓦特发明蒸汽机的手记,或者蔡伦在发明纸的过程中,与朋友探讨细节之往来书帖。这种被时间加冕的力量,会暗中震撼一个人的心神,唤起一个人缅怀的趣味。

互联网在中国,刚过 20 年。对跋涉于谋生、执著于财富、仰求于荣耀、迷醉于享乐、求援于问题的人来说,这个工具,还十分新颖。仿佛济济一堂,尚未道别,自然说不上怀念。

人类的热情与恐惧,更多也是朝向未来。

一件事情的意义,在不被人感知时,最初只有一意孤行的力量。除了去做,还是去做,日复一日。一个人,不管他是否真有远见,是否真懂未雨绸缪,一旦把抉择的航程置于自己面前,他只能认清一个事实:航班可延误,乘客须准点。

一切尚在热闹中,需要有人来做一件冷静事。

方兴东意识到，这是一件已经被延误的事情，有些为互联网开辟草莱的前辈，已经过世了。在树下乘凉、井边喝水的人群中，已找不到他们的身影。快速迭代的互联网，正在以遗迹覆盖遗迹。他遗憾，"互联网口述历史"（OHI）还是开始得晚了一点，速度慢了一点。他深感需要快马加鞭，需要得到各方的理解与支持。

提早做一件已延误的事

步履维艰的祖母费力地弯腰为刚学步的孩子系上散开的鞋带，在有的人眼里，是一幅催人泪下的图景。一种面向死亡和终极的感伤，正如在诗人波德莱尔眼里，芸芸众生，都只是未来的白骨。

本杰明·富兰克林说："若要在死后尸骨腐烂时不被人忘记，要么写出值得人读的东西，要么做些值得人写的事情。"

编后记 1

中国步入互联网时代以来，已有许多人做出了值得一书的事情。

然而，"称雄一世的帝王和上将都将老去，即使富可敌国也会成灰，一代遗风也会如烟，造化万物终将复归黄泥，遗迹与藩篱都已渐渐褪去。叱咤风云的王者也会被遗忘……"

因此，需要有人再做一件事：把发生在互联网时代里，值得记载的事情，记录下来。

必然的历史，把偶然分派给每一位创造历史的人。当初，这些人并不曾指望"比那些为战争出生入死的人更为不朽"，今日，还顾不上指望名垂青史。

来记录这段历史的人，绝不是为某人歌功颂德，而是要尽早做一件已延误的事。

那些发生的事情的来龙去脉，堆积在这个时代的身躯上。对重史崇文的中国人，自然会懂得民族长存的秘密，与汉字书写、与"鉴过往知来者""宜子孙"的历史和渊源流长的中华文化密切相关。

过去仍在飞行

2007年年初，《"影响中国互联网100风云人物"口述历史》等报道出现在媒体上。接受采访的方兴东说："口述历史大型专题活动，将系统访谈互联网界最有影响力的精英，全面总结互联网创新发展经验。"

当时，互联网实验室和博客中国共同策划的口述历史大型专题活动在北京启动。这是"2007互联网创新领袖国际论坛"的重要组成部分。该论坛由原信息产业部指导，互联网实验室等单位共同举办。科技中国评选"影响中国互联网100风云人物"。

口述历史的对象，主要来自评选出的100位风云人物，包括互联网创业者、影响互联网发展的风险投资和投资机构、互联网产业的基础设施建设者、对互联网

编后记 1

产业影响巨大的国内外企业经理人、互联网产业的思想家和媒体人乃至互联网产业的关键决策者，以及互联网先行者和技术创新的领头人。

方兴东认为，这些人物是互联网产业的英雄，他们富有激情和梦想，作为中国互联网的先锋人物，曾经或现在战斗在中国互联网的最前沿，对促进中国互联网发展做出了不同的贡献。口述历史，将梳理他们的发展历程，以媒体的视角来展示历史上精彩的一页，为互联网产业下一个10年的创新发展提供有益的参考。

在关注眼前、注重实效的现今业态下，人们似乎更乐于历史的创造，而非及时的回顾，尽管互联网"轻舟已过万重山"，矜持的历史创造者们，恐怕还是认为"十几年太短"。

记述历史和写作并不是方兴东的主业，他自己也在创业，企业的责任和负担无人替代他。所以，几年来，他见缝插针，断断续续访谈了几十人。在这个过程中,思路也越来越清晰。

2014年春,中国互联网发展20周年之际,方兴东正式组建了编辑出版"互联网实验室文库"的团队,"互联网口述历史"成为了这个团队的首要工作。

"在采摘时节采摘玫瑰花苞。过去仍在飞行。"

在方兴东眼里,中国互联网20年来得太激动人心了。互联网的第三个10年又开启了。很多人顺应、投入了这段历史,无论其个人最终成败得失如何,都已成为创造这段历史的合力之一。可能接下来互联网还会越做越大,但是最浪漫的东西还是在过去20年里。他觉得应该把这些最精彩的东西挖掘出来。趁着还来得及,有些东西需要有人来总结。有些人的贡献,值得公正、精彩、生动、详细地留下记录。

正是这样一个时代契机,各年龄、各阶层、各行业的草根或精英,有人穷则思变,有人"现世安稳岁月静好",但都从各个位置,甚至是旁观位置,加入了这个"时代合唱",成就了一种不谋而合的伟大,造就了乱花迷眼的互联网江湖。

方兴东自认为,投入"互联网口述历史"这件工作量巨大的事情,也有一些不算牵强的前提。他出生于世界互联网诞生的1969年,在中国出现互联网的1994年,他恰好到北京工作。他的故乡浙江是中国另一个巨大的"互联网根据地"。二十年间,他奔波北京、杭州之间,足迹留到全国各地,全程深度参与中国互联网事业,与各路英雄好汉切磋交往,也算近水楼台,大家能坦诚交谈,让这件事发生得十分自然。

还原互联网历史的丰富性

众所周知,互联网是一个不断制造神话又毁灭神话的产业,这个产业的悲壮和奇迹,出于无数人的努力奋斗、成就辉煌、前仆后继。

就如方兴东所说:"即使举步维艰,互联网天空,依然星光闪耀。至于现在这颗星星还是不是那颗星星，并没有太多的人关注。新经济、泡沫、烧钱、圈钱、免费、亏损，等等，几个极其简单的词汇，就将成千上万年轻人的激情和心血盖棺论定了——剔除了丰富的内涵，把一场前所未有的新技术革命苍白地钉在了'十字架'上。既没有充分、客观地反映这场浪潮的积极和消极之处，也无法体现我们所经历的痛楚和欣喜。"

从"互联网口述历史"最初访谈开始，方兴东希望尽力还原这种"丰富的内涵"。

在中国互联网历程中过往的这些人物，不会没有缺点，也不可能没有挫折。起起伏伏中，他们以创新、以创业、以思想、以行动，实质性地推动了中国互联网的发展进程。"互联网口述历史"希望在当事人的记忆还足够清晰时，希望那些年事已高的开拓者还健在时，呈现他们在历史过程中的个性、素养和行为特质，把推进历史的坦途和弯路地图都描绘出来，以资来者。

在讲述过程中，个人的戏剧性故事，让未来的受众也能在趣味中了解口述者的人生轨迹和心路历程。

因此，"互联网口述历史"最初明确定位为个人视角的互联网历史，重视口述者翔实的个人历程。在互联网第一线，个人的几个阶段、几种收获、几个遗憾、几条弯路，等等；如果重来，他们又希望如何抉择，如何重新走过？概括起来，至少要涉及四个方面：个人主要贡献（体现独特性）、个人互联网历程（体现重要的人与事）、个人成长经历（体现家庭背景、成长和个性等）、关键事件（体现在细节上）。

但互联网又是个体会聚的群体事业。在中国互联网风风雨雨的历程中，在个人之外，还有哪些重要的人和重要的事，哪些产业界重大的经验和惨痛的教训，哪些难忘的趣闻逸事，如何评说互联网的功过得失及社会影响，等等，也是"互联网口述历史"必不可少的内容。

多元评价标准

"互联网口述历史"希望有一个多元评价标准。方兴东认为,目前在媒体层面比较成功的人士,他们的作用肯定是毫无疑问的。这么多用户在用他们的产品,他们的产品在改变着用户。我们一点都不贬低他们,同时也看到,他们享受了整个互联网所带来的最大的好处。中国互联网的红利给少数人披红挂彩。他们是故事的主角,但参演者远远大于这个群体。所以,"互联网口述历史"一定是个群像,有政府官员、投资者、学者、技术人员和民间人士等,当然,企业家是主角中的主角。

很多人很想当然地觉得,中国互联网在早期很自然就发生了。实际上,今天的成就,不在当初任何人的想象中,当初谁也没有这个想象力。"互联网口述历史"尤其不能忽略早期那些对互联网起了推动作用的人。当时,不像今天,大家都知道互联网是个好东西。当初,互联网是一个很有争议的东西。他们做的很多工作很不简单,是起步性的、根基性的,影响了未来的很多事情。当年,似乎很偶然,不经意的事情影响了未来,但其发生和发展,有其内在的必然性。这些开辟者,对互联网价值和内在规律的认识,不见得比现在的人差。现在互联网这么热闹,这么丰富,很多人是认识到了,但对互联网最本源的东西,现在的人不见得比那时的互联网开创者认识得深。

时势造英雄

生逢其时,每一位互联网进程的参与者,都很幸运,不管最后是成功还是失败,有名还是无名。因为这是有史以来最大的一次技术革命浪潮。这个技术革命浪潮,方兴东认为,也要放在一个时代背景下,包括改革开放、九二南巡,包括经济发展到一定阶段,电信行业有了一定基础,这些都是前提。没有这些背景,不可能有马云、马化腾,也不可能有今天。

方兴东认为,不能脱离时代背景来谈互联网在中国的成功,其一定是有根、有因、有源头,而不是无中生有、莫名其妙,就有了中国互联网的蓬勃发展。

20世纪80年代的思想开放,与互联网精神、互联网价值观,有很多吻合之处。中国互联网从一开始,没有走错路、走歪路,没有出现大的战略失误。从政府主营机构,到具体政策的执行人,到创业者,包括媒体舆论。

中国特色互联网

中国与美国相比,是一个后发国家。互联网的很多基础技术、标准、创新都不是我们的,是美国人发明的,我们就是用好,发扬光大,做好本地化。方兴东认为,对于更多的国家来说,中国的经验实际上更有参考价值。因为相对于这些国家来说,中国又变成了一个先发国家。毕竟,现在全世界,不上网的人比上网的人要多。更多国家要享受互联网的益处,中国具有重要参考意义。因此,"互联网口述历史"具有国际意义。我们做这些东西,不是为了歌功颂德,而是为了把这些人留在历史里,才把他们记录下来。

编后记 1

不能缺席的价值观

互联网在中国的成功，毫无疑问，超出了所有人的想象。但是，方兴东认为，中国互联网仍存在明显的问题，例如，过分的商业化、片面的功利化、时髦和时尚借口下的浅薄化存在于互联网当中，而且可能会误导互联网发展。"互联网口述历史"希望在梳理历史的过程中，能把这些问题是非分明地梳理出来。

从理想的角度来看，互联网应该成为推动整个中国崛起的技术的引擎，它带来的应该是更多积极、正面的力量、方便和秩序。互联网的从业者，包括汇聚了巨大财富和社会影响力的人，如果他们能够有理想，互联网在中国的变革作用会大得多。互联网的大佬们是巨大财富和巨大影响力的托管人，他们应该考虑怎样把自己的财富和影响力用好，而不是简单作为个人的资产，或者纯个人努力的结果。在个人性和公共性方面，如果他们有更高的境界、更清醒的意识和更多的自觉,会比现在好得多。现在,总体上来说,是远远不够的。

方兴东认为,中国互联网20年来,真正最有价值、最闪光的东西,不一定在这些大佬们身上,反倒可能在那些不那么知名的人身上,甚至在没有从互联网挣到钱的人身上。推动中国互联网历史进程关键点的人,也不一定是这些大佬。因此,"互联网口述历史"采访名单的甄选,是站在这样的观点之上的,可能与有些媒体的选择不同。

站在一百年后看

中国互联网的历史,从产业、创业、资本、技术及应用等方面看,是一部中国技术与商业创新史;从法律法规、政府管理举措、安全等方面看,是一部中国社会管理创新史;从社会、文化、网民行为等方面看,是一部中国文化创新史。

编后记 1

目前，我们在国内采访的人物已达 100 余位，主要是三个层面的人物，能够全景、全面反映中国互联网创业创新史。以前面 100 个人为例，商业创新约 50 人，细分在技术、创业、商业、应用和投资等层面；制度创新约 25 人，细分在管理、制度和政策制定等层面；文化创新约 25 人，细分在学术、思想、社会和文化等层面。他们是将中国社会引入信息时代的关键性人物，能展示中国互联网历史的关键节点。采访着眼于把中国带入信息社会的过程中，被访者做了什么。通过对中国互联网 20 年的全程发展有特殊贡献的这些人物的深度访谈，多层次、全景式反映中国互联网发生、发展和崛起的真实全貌，打造全球研究中国互联网独一无二的第一手资料宝藏。

王羲之曾记下永和九年一次文人的曲水流觞的雅事，"列叙时人，录其所述"，让世世代代的后人从《兰亭集序》的绝美墨迹中领略那一次著名的"春游"，"虽世殊事异，所以兴怀，其致一也。后之览者，亦将有感于斯文。"

方兴东希望通过"互联网口述历史"项目的文字、音频、视频等各种载体,让一百年后的人、甚至是更远的未来者看到中国是怎么进入信息社会的,是哪些人把这种互联网文明带入中国,把中国从一个半农业、半工业社会带入了信息社会。

2014年,从全球"互联网口述历史"项目的工作全面展开,到2019年互联网诞生50周年之际,我们将初步完成影响互联网的全球500位最关键人物的口述采访工作。这一宏大的、几乎是不可能完成的任务,正在变为现实!

编后记 2

有层次、有逻辑、有灵魂

刘 伟

"互联网口述历史"的维度与标准

"互联网口述历史"（OHI）是方兴东博士在 2007 年发起的项目，原是名为"影响中国互联网 100 人"的专题活动，由互联网实验室、博客网（博客中国）等落实执行。在经过几年的摸索与尝试后，2010 年，方兴东博士个人开始撸起衣袖集中参与和猛力突击。因此,"互联网口述历史"在 2007 年至 2009 年是试水和储备,真正开始在数量上"飞跃"起来,是从 2010 年下半年开始的。

这些年,方兴东博士一边"创业",一边默默采集、积累"互联网口述历史"的宏巨素材。一路走下来,前前后后的几个助理扛着摄像机、带着电脑跟着他。助理们有走有来,而他,一坚持就是十年。

2014 年,我从《看历史》杂志离职,参与了"互联网实验室文库"的筹备,主持图书出版工作,致力于打造出"21 世纪的走向未来丛书"。"互联网实验室文库"的出版工作包括四大方向:产业专著、商业巨头传记、"口述历史"项目、思想智库。

在之后的时间里,"互联网实验室文库"出版了产业专著、商业巨头传记、思想智库方向的十余本书,而"口述历史"却未见成果出品。当然,这是因为"口

编后记 2

述历史"创造了六个"最"——所需的精力消耗最大,时间周期最长,整理打磨最精,查阅文献资料最繁,过程折磨最多,集成的自主性最少……

以往,一本书在作者完成并有了书稿后,进入编辑流程到最后出版,是一个从 0 到 1 的过程。而为了让别人明白做"口述历史"的精细和繁冗,我常说它是从 -10 到 1 的过程。因为"口述历史"是一个"掘地百尺"的工作,而作为成果能呈现出来的,只不过是冰山一角。在"口述历史"的整理之外,我们还积累形成了 10 余万字的互联网相关人物、事件、产品、名词的注释(词条解释),50 余万字的中国互联网简史(大事记资料),以及建立了我们的档案保存、保密机制等,这些都是不为人知的,且仅是我们工作的一小部分。

"过去"已经成为历史,是一个已经灰飞烟灭的存在,人们留下的只是记忆。"口述历史"就是要挖掘和记录下人们的记忆,因为有太多的因素影响着它、制约着它，所以，我们需要再经稽核整理。因此，"口述历史"中的"口述者"都是那些历史事件的亲历、亲见、亲闻者。

北京大学的温儒敏教授曾经这样评价"口述历史"这一形式："这种史学撰写有着更为浓厚的原生态特色，摆脱了以往史学研究的呆板僵化，因而更加生动鲜活，同时更多的人开始认识到这种口述历史研究的学术价值，而不是仅仅被视为一种采访。相对于纯粹的回忆录和自传，这种口述历史多了一种真实到可以触摸的毛茸茸的感觉。"

"口述历史"让历史变得鲜活，充满质感，甚至更性感。

我在采访方兴东博士，要其做"访谈者评述"时，他曾在评述之前说了这么一段话："互联网不仅仅是那些少数成功的企业家创造的，它实际上是社会各界共同创造的一个人类最大的奇迹——中国互联网能够有8

亿网民,这绝对是全球的一个奇迹。中国有一大批人,他们是互联网的无名英雄,基本上在现在的主流媒体上看不到他们。但我觉得这些人在互联网最初阶段,在中国制定轨道的过程中,铺了一条方向上正确的道路,而且很多东西当年可能是一件很小的事情,但实际上最终起了关键性的作用。我们试图在'互联网口述历史'里,把这个群体中的代表人物挖掘出来、呈现出来。"

我想,这是方兴东博士的初心,也是"互联网口述历史"项目产生的源头。

出版人和作家张立宪(自称老六,出版人、作家,《读库》主编——编者注)曾讲过一则与早期的郭德纲有关的故事:"那时候郭德纲还默默无闻,他在天桥剧场的演出只限于很小的一个圈子里的人知道……当时就和东东枪商量,我们要做郭德纲,这个默默无闻的郭德纲。但是世界的变化永远比我们想象中的快,从东东枪采访郭德纲，到最后图书出版大概是半年的时间，在这几个月的时间里，郭德纲老师已经谁都拦不住了。那时候就连一个宠物杂志都要让郭德纲抱条狗或者抱只猫上封面，真的是到那个程度。但是我们依然很庆幸，就是我们在郭德纲老师被媒体大量地消费、消解之前，我们采访了他，'保存'了他。一个纯天然绿色的郭德纲被我们保留下来了。其实这也是某种意义上的抢救，这种抢救不仅仅指我们把一个很了不起的人，在他消失之前、在他去世之前给他保存下来；也包括像郭德纲老师这样的人，他虽然现在依然健在，但是'绿色'郭德纲已经不见了，现在是一个'红色'的郭德纲。"

从某种程度上讲，"互联网口述历史"也是在尽可能抢救和保留"绿色"的互联网人。所不同的是，我们不是预测，而是寻找、挖掘、记录、还原、保存。因为我们是基于"历史"，是事发之后的、热后冷却的、不为人知的记载。至于"绿色"的意义，我想就像常规访谈与口述历史的差别,因为所用的方法、工艺、时间、重心完全不同,当然也就导致了目的与结果的不同。

"口述历史"是访谈者和口述者共同参与的互动过程,也是协同创造的过程。因此,"口述历史"作品蕴含着口述者和访谈者(整理者、研究者)共同的生命体验。

"口述历史"一般有专业史、社会史、心灵史几个维度。在"互联网口述历史"中,因选题缘故,我们还辐射了更多不同的维度与向度,如技术史(商业史)、制度史(管理史)、文化史(社会变革史)以及经济学家汪丁丁教授强调的思想史。

在"互联网口述历史"近十年的采集过程中,其技术设备一样经历了"技术史"的变迁。例如,在2007—2013年,用的还是录像带摄像机,而在2014—2016年,用的是存储卡摄像机。

"互联网口述历史"从采集到整理的过程中，我们始终秉承着这样几个标准：有灵魂、有逻辑、有层次、有侧重，注重史实与真相。

"互联网口述历史"的取舍与主张

在采集回的资料的使用上，我们采用了"提问+口述+注释"的整理方式，而非"撰文+口述"的编撰方式。这样的选择，就是为了能够不偏不倚、原汁原味地还原现场，并且不破坏其本身的脉络与构造，以及我们在其上的建构。我们希望做到，像拓片与石碑的关联。

在资料整理过程中，我们也是严格按照"口述历史"的方式整理、校对、核对、编辑、注释、授权、补充、确认、保存的（为什么授权顺序靠后，我在后面解释），但在图书出版的最后，也就是目前呈现在读者眼前的文本——严格意义上说已经不是特别纯的"口述历史"了。因为读者会看到，我们可能加入了5%左右别处的访谈内容。这么做有的是因为文本需要，有的是因为空缺而做的"补丁"，有的是口述者提供希望我们有所用的。对这些内容的注入，我们做了原始出处的标注，并同样征得了"口述者"的确认。

在整理的过程中，应访谈者的要求，我们弱化了其角色特征，适当简化了访谈者在访谈中的追问、确认、区辨等"挖掘"过程，尽可能多地呈现口述者的口述内容，即直接挖出的"矿"；也简化了部分现场访谈者对口述者的某些纠正。这样的纠正有时是一来二去，共同回想，提坐标、找参照，最终得以确定。这样的"简化"也是为了方便和照顾读者，我们尽量压缩了通往历史现场过程中的曲折与漫长。

在时间轴上，我们也尽量按照时间发展顺序做了调整，但因"记忆"有其特殊性，人的记忆有时是"打包"甚至"覆盖"的（只有遇到某些事件时，另一些事才能如化学效应般浮现出来，而如果遇不到这些事件，它可能就永远沉没下去了），因此，会有部分"口述者"的叙事在"时间点"上有连接和交叉，所以，显得稍有些跳跃或回溯。在这种情况下，我们没有为了梳理时间顺序而强行分拆、切割或拼搭。

在口语上，我们仍尽可能保留了各"口述者"的特色和语言风格，未做模式化的简洁处理。所以，即使经过了"深加工"的语言，也仍像是"原生态的口语"，只是变得更加清晰。

时常有人关心地问："你们的'互联网口述历史'怎么样了？怎么弄了这么久？"其实这是难以言表的事，我们很难让人了解其中的细节和背后的功夫。"口述历史"中的那些英文、方言、口音、人名、专业词汇，有时一个字词需要听十几遍才能"还原"；有时一个时间需要查大量资料才能确认；与"口述者"沟通，以及确认的时间,有时又以"年"为沟通的时间单位,需要不断询问与查证,因为这期间也许遇有口述者的犹豫或繁忙;为了找到一条"语录",我们可能要看完"口述者"的所有文章、采访、演讲……就是这一点又一点的困难、艰辛、阻碍,造成了"口述历史"的整理及后续的工作时间是访谈时间的数十倍。

台湾地区的"中央研究院近代史研究所"前所长陈三井曾说:"口述历史最麻烦的是事后整理访问稿的工作。这并不是受访人一边讲,访问人一边听写记录就行了。通常讲话是凌乱而没有系统性的,往往是前后不连贯,甚至互有出入的。访问人必须花费很大的力气加以重组、归纳和编排,以去芜存菁。遇有人名、地名、年代或事物方面的疑问,还必须翻阅各种工具书去查证补充。最后再做文字的整理和修饰工作,可见过程繁复,耗时费力,并不轻松。"

我曾和团队同事分享过这样一个比喻:整理口述

历史，就像"打扫"一个书柜，有的人觉得把木框擦干净就可以了；有的人会把每一本书都拿下来然后再擦一遍书架；还有的人在放进去之前会把每本书再轻拭一遍。而我们呢？除了以上动作，还需要再拿一根针把书架柜子木板间的缝隙再"刮"一遍，因为缝隙里会有抹布擦拭的碎纤维、积累的灰尘、纸屑，甚至可能有蛀木的虫卵……（我当时分享这个比喻的初衷，就是提示我的同事，我们要细致到什么程度。现在看来，这个比喻也同样表现了我们是怎么样做的。）

在"互联网口述历史"的出版形式上，我们也曾纠结于是多人一本，还是一人一本。在最早的出版计划中，我们是计划多人一本（按年份、按事件、按人物），专题式地出版一批有"体量"的书。当多人一本的多本"口述历史"摆在一起时，才能凸显"群雕"的伟岸，也因为多人一本的多文本原因，读者阅读起来会更具快感，对事件的理解视角也更宽广，相互映照补充起来的历史细节及故事也更加精彩（也就是佐证与互证的过程）。

然而实际情况是，我们没有办法按照这种"完美"的形式去出版。因为"口述历史"是一个逐渐累积的过程，无论是前期的访谈，中期的整理，还是后期的修订、确认，它们都在不同时间点有着不同程度上的难点，整个推进过程是有序不交叉且不可预知的。最早采访和整理的也许最后才被口述者确认；最应先采访的人也许最后才采访到；因为在不停地采访和整理，永远都可能发现下一个、新的相关人……这样疲于访谈，也疲于整理。囿于各种原因，我们没办法按照我们"梦想"的方式出版。因此，最终我们选择了呈现在读者眼前的"一人一本"的出版方式，出版顺序也几乎是按照"确认"时间先后而定的。我们同样放弃了优先出版大众名人、有市场号召力的人物、知名度高的口述者，以带动后面"口述历史"的想法。

尽管我们遗憾未能以一个更宏伟具象的"全景图"

的形式出版,但一本一本地出版,也有专注、轻松、脉络清晰、风格一致的美感,仍能在最后呈现出某种预期的效果。未来也仍能结集为各种专题式的、多人一本的出版物,将零散的历史碎片拼接成为宏大的历史画卷。因此,希望读者能理解,目前的选择是在各种原因、条件和实际困难"角力"后的结果,这其中有得有失,瑕瑜互见。为体恤读者,呈现群雕之张力,我在这里列举几位口述者的"口述历史"标题,先睹为快:《胡启恒:信息时代的人就该有信息时代的精神》《田溯宁:早期的互联网创业者都是理想主义》《张朝阳:现在的创业者一定要设身处地想想当时》《张树新:我本能地对下一代的新东西感兴趣》《吴伯凡:中国互联网历史,一定是综合的文化史》《陈年:以前互联网都很苦,大家集体骗自己》《刘九如:培训记者,我提醒他们要记住自己的权利》《胡泳:人们常常为了方便有趣而牺牲隐私》《段永朝:碎片化是构成人的多重生命的机缘》《陈彤:我做网络媒体之前也懵懂过》《王峻涛：创业时想想，要做的事是水还是空气》《陈一舟：苦闷是必需的，你不苦闷凭什么崛起》《黎和生：其实做媒体主要是做心灵产品》《冯珏：现在的互联网没当年的理想和热情了》《王维嘉：人类本性渴望的就是千里眼、顺风耳》《洪波：中国互联网产业能发展到今天得益于自由》《方兴东：互联网最有价值的东西，就是互联网精神》《陈宏：当时想做一个中国人的投行，帮助中国企业》《许榕生：我所做的其实只是把国外的技术带回中国》……举例还可以列很长很长，因为目前我们已整理完成了60余人的口述历史，以上举例的部分"口述历史"标题，有些可能稍有偏颇，甚至因为脱离了原有的语境而变成了另外的意思；有些可能会对"口述者"及业界稍有冒犯；有些可能会与实际出版所用标题有所出入。在此，希望得到读者的理解和谅解。

在事实与真相上，我们也希望读者明白：没有"绝对真相"和"绝对真实"。我们只是试图使读者接近真相，离历史更近一些。"口述历史"不能代替对历史的解释，它只是一项对历史的补充。同时希望读者能够继续关注和阅读，我们将继续出版更多的"互联网口述历史"，形成更广大的历史的学习和理解视角，以避免仅仅停留在对文字皮相的见解上。我们也要明白，还要有更多的阅读，才能还原群体之记忆。不同口述者在叙述相同事件时，一些细节会有不同的立场和不同的描述，甚至有不小的差别，这些还需要我们继续考证。

中国现代文学馆研究员傅光明曾说："历史是一个瓷瓶，在它发生的瞬间就已经被打碎了，碎片撒了一地。我们今天只是在捡拾过去遗留下来的一些碎片而已，并尽可能地将这些碎片还原拼接。但有可能再还原成那一个精致的瓷瓶吗？绝对不可能！我们所做的，就是努力把它拼接起来，尽可能地逼近那个历史真相，还原出它的历史意义和历史价值，这是历史所带给我们的应有的启迪或启发。"

编后记 2

尽管"互联网口述历史"项目目前是以书籍的形式出现的,展现的是文本,但我们希望在阅读体验上,能够呈现出舞台剧的效果,令读者始终有"在场感"。在一系列访谈者介绍、评述过后,可以直接看到"口述者"和"访谈者"坐在你面前对话;"编注"就是旁白;"语录"是花絮,方便你从思想的层面去触摸和感受"口述者";"链接"是彩蛋,时有时无,它是"口述者"的一个侧面,或与其相关的一些细枝末节;"附录"是另一种讲述,它是一段历史的记录,来自另一个时空中。当"口述历史"本身完结后,"口述者"或说或写的会成为一段历史、一批珍贵的历史资料。你会发现,在历史深处的这些资料,也许曾是预言,也许在过去就非常具有前瞻性,也许它是一种知识的普及,也许它是对"口述历史"一些细节的另外的映照或补充,也许它曾是一个细分领域的入口或红利的机会……

有些口述者讲述了自己儿时或少年的故事,用方兴东博士的话说:那是他们的"源代码"。

美国口述历史学家迈克尔·弗里斯科（Michael Frisch）说："口述历史是发掘、探索和评价历史回忆过程性质的强有力工具——人们怎样理解过去，他们怎样将个人经历和社会背景相连，过去怎样成为现实的一部分，人们怎样用过去解释他们现在的生活和周围的世界。"

"互联网口述历史"的形式与意义

做"口述历史"时常有遗憾（它似乎是一门遗憾的学问和艺术）。遗憾有人拒绝了我们的访谈请求（有些是因为身份不便；有些是因为觉得自己平凡，所做过的事不值得书写）；遗憾有些贡献者已经离开了我们，无法访谈；遗憾一些我们整理完毕已发出却无法再得到确认的文本；遗憾一些确认的文本被删得太多；遗憾一些我们没问及的内容，再也补不回来；遗憾一些口述者避而不谈的内容；遗憾不能让历史更细致地呈现；遗憾一些详情不便透露；遗憾有些口述者已经不愿再面对自己曾经的口述，因而拒绝了确认和开放；遗憾我们曾通过各种资料、各种方法抵达口述者的内心，但能呈现给读者的仍不过是他们的一个侧面，他们爱的小动物、他们做的公益等，囿于原材料和呈现方式，这些都无法在一篇口述历史中体现；有些东西小而闪光，但我们没法补进来，遗憾有些补进来了又被删掉了；遗憾文本丢掉的"镜头语言"，如"口述者"的表情、动作、笑容、叹息、沉默、感伤、痛苦……遗憾"文本"丢失了"口述者"声音的魅力；遗憾我们没有更先进的表达和呈现方式（我们拥有"互联网口述历史"的宝贵资料和"视听图影"资源，却不能为读者呈现近乎 4D、5D 的感官体验，也未能将文本做成"超文本"）；遗憾我们时间有限、人力有限、精力有限……无论如何，今天呈现在读者面前的并不是"最好的成果"，它还有待您与我们共同继续考证、修正、挖掘和补充，它也可能只能存在于我们的梦想和希冀之中了。

尽管到目前为止我们已经做了许多工作，但也依然只是一小部分，我们仍处于采集、整理阶段，在运用、研究等方面，我们还少有涉及。未来，"互联网口述历史"会被运用到各类社会、行业研究和课题中，被引入种种类型、种种框架、种种定义、种种理论、种种现象、种种行为、种种心理结构、种种专业学科中，成为万象的研究结果，以及种种假设中的"现实"依据，解答人们不一的困境和需求。它还可以生成各类或有料、有趣、有深度、有沉积的数据图、信息图，实现信息可视化、数据可视化。

因为"互联网口述历史"还能抚育出无数的东西，所以，这又几乎是一项永远未竟的事业。

呈现在读者面前的"口述历史"，是有所删减的版本，为更适于出版。尽管"互联网口述历史"先以图书的形式呈现，但图书只是"互联网口述历史"的一种产品形式，而且只是一个转化的产品，它并非"互联网口述历史"的最终产品和唯一产品。自然地，由于图书本身的特性及文化传播价值，它也得到我们出版单位和社会各界的重视和支持。本套"互联网口述系列丛书"，也获得了国家出版基金的支持。2017年年底，根据刘强东口述出版的作品《我的创业史》，获得了《作家文摘》评选的年度十佳非虚构图书。在一批中国"互联网口述历史"之后，我们将推出国外"互联网口述历史"。除图书外，未来我们也会开发和转化纪录片、视频等产品内容和成果，甚至成立博物馆及研究中心。总之，我们期待还能发展为更多有意义的形式和形态，也希望您能继续关注。

余世存老师在回忆整理和编写《非常道》的过程中，说自己当时"常常为一段故事激动地站起来在屋子里转圈，又或者为一句话停顿下来流眼泪"。

在整理"互联网口述历史"的过程中，我们同样深感如此。因为能触及种种场景、种种感受、种种人生，我们常常因"口述者"的激情、痛苦、人性光辉、思想闪光而震撼、紧张、欣慰，也曾被某一句话惊出冷汗；有些"口述者"的思想分享连续不断，让人应接不暇、让人亢奋激动、让人拍案叫绝、让人脑洞大开，甚至让人茅塞顿开；一些让我们心痛、落泪的故事，却在"口述者"的低声慢语间送达。同时，我们也"见证"了很多阻力与才智、生存与反抗、偶然与机遇、智虑与制度、弱德与英勇……每位口述者，都像一面镜子，映照出千千万万的创业者、创新者、先驱者、革命者、领跑者，还有隐秘的英雄、坚忍的失势者、挺过来的伤者、微笑转身者、孤独翻山者……

幸运地，我们能触碰这些"宝藏"。更加幸运地，今天的我们能把它们都保留下来、呈现出来，领受前辈们分享的无价礼物。

数字化大师、麻省理工学院教授尼葛洛庞帝

(Nicholas Negroponte)曾这样评价方兴东博士及"互联网口述历史":"你做的口述历史这项工作非常有意义。因为互联网历史的创造者,现在往往并不知道自己所做的事情有多么伟大,而我们的社会,现在也不知道这些人做的事情有多么伟大。"

也有非常多的人如此建议和评价方兴东博士的"互联网口述历史":"也别太用心费神,那种东西有价值、有意义,但是没人看……"

电子工业出版社的刘声峰曾说:"这个工作,功德无量。"

在不同人的眼中,"互联网口述历史"有着不同的分量和意义。也许这项工程在别人眼中是"无底洞",是"得不偿失",是"用手走路",是"费力不讨好",是"杀鸡用牛刀",但我们自有坚持下来的动力和源泉。

美国作家罗伯特·麦卡蒙(Robert R. McCammon)

在他的小说《奇风岁月》中有这样一段触动人心的文字:"我记得很久以前曾经听人说过一句话——如果有个老人过世了,那就好像一座图书馆被烧毁了。我忽然想到,那天在《亚当谷日报》上看到戴维·雷的讣告,上面写了很多他的资料,比如,他是打猎的时候意外丧生的,他的父母是谁,他有一个叫安迪的弟弟,他们全家都是长老教会的信徒。另外,讣告上还注明了葬礼的时间是早上10点30分。看到这样的讣告,我惊讶得说不出话来,因为他们竟然漏掉了那么多更重要的事。比如,每次戴维·雷一笑起来,眼角就会出现皱纹;每次他准备要跟本斗嘴的时候,嘴巴就会开始歪向一边;每当他发现一条从前没有勘探过的森林小径时,眼睛就会发亮;每当他准备要投快速球的时候,就会不自觉咬住下唇。这一切,讣告里只字未提。讣告里只写出戴维·雷的生平,可是却没有告诉我们他是个什么样的孩子。我在满园的墓碑中穿梭,脑海中思绪起伏。这个墓园里埋藏了多少被遗忘的故事，埋藏了多少被烧毁的老图书馆？还有，年复一年，究竟有多少年轻的灵魂在这里累积了越来越多的故事？这些故事被遗忘了，失落了。我好渴望能够有个像电影院的地方，里头有一本记录了无数名字的目录，我们可以在目录里找出某个人的名字，按下一个按钮，银幕上就会出现某个人的脸，然后他会告诉你他一生的故事。如果世上真有这样的地方，那会很像一座天底下最生动有趣的纪念馆，我们历代祖先的灵魂会永远活在那里，而我们可以听到他们沉寂了百年的声音。当我走在墓园里，聆听着那无数沉寂了百年、永远不会再出现的声音，我忽然觉得我们真是一群浪费宝贵资产的后代。我们抛弃了过去，而我们的未来也就因此消耗殆尽。"

我想，以上文字应该是所有"口述历史"工作者、研究者的共同愿望，同时它也回答了人们坚持下来的答案和意义。

尽管，我们做的是非常难的事。之前的一切访谈都是方兴东博士以个人的身份在做这件事，他自己或带着助理，联络、采访各口述者。2014年起，我们组建了团队，承担起了访谈之后的整理、保存、保密、转化、出版等工作，但却常常有逆水行舟之感。因为方兴东博士在当年访谈完毕后并没有与口述者签署授权，我们补要授权已经是在访谈多年之后了，这增加了我们工作推进的难度。对于口述者来说，因为时间久远，且当时访谈是一个人，事后联络、沟通、确认、跟进的是另一个人，这便有了种种不同的理解。我们要在其中极力解释和争取，一方面保护好口述者，另一方面保护好方兴东博士，甚至再细致地解释方兴东博士当年也许使对方知会过的"知情同意权"（我们要做什么，口述者有哪些权利，可能会被怎么研究，我们如何保密，有哪些使用限制，会转化哪些成果，等等），然后授权。然而，我们不得不面对的现实是：事隔多年，有的口述者已经不愿面对这一次的访谈了；

也有的是不愿面对口述历史这种文本/文体;甚至有的口述者不愿再面对曾经提到的这些记忆(因访谈之后间隔过长,他的理解、想法、心理、记忆清晰程度,都有了变化)。还有的,有些口述历史已经确认并准备出版,而方兴东博士又临时进行了再次的访谈,我们就要将新的访谈内容再补入之前的版本中,然后再让口述者确认。这几年间,方兴东博士作为发起人,他对"互联网口述历史"有感情、有想法、有感觉,因此,我们也陪同经历了多次大改动、大建议、大方向的调整(我们的"已完成",一次次被摊薄了)……这些加在一起,使我们都觉得是在做难上加难的事(因为我们没能按照惯常口述历史工作方法的顺序)。

回顾这几年,"互联网口述历史"对我们来说,也像是某种程度的创业,这期间遇到了多少干扰和阻力,咽下了多少苦闷和误解,吞下了多少不甘和负气,忍下了多少寂寞和煎熬,扛下了多少质疑和冷眼,这些只有我们自己清楚。对于我个人,还要面对团队成员不同原因的陆续离开……有时也会突然懂得和理解方兴东博士,无论是他经营公司,还是做"互联网口述历史"。对于其中的孤独、煎熬和坚守,相信他也一样理解我们。

以多年出版人的身份和角度讲,我同样替读者感到高兴,因为"互联网口述历史"实在有太多能量了,就像一个宝藏(当然,这也归功于"口述历史"这个特别形式的存在),这些能量有很大一部分可以转化成为"卖点"。在"互联网口述历史"里,读者可以看到过去与今天、政治与文化、他人与自己,也能看到趋势、机会、视野、因果、思维方式,还有管理、融资、创业、创新,还有励志、成功,以及辛酸挫折、泪水欺骗、潦倒狼狈、热爱、坚持;这里有故事,也有干货;有实用主义的,也有精神层面的;有历史的 A 面,同样有历史的 B 面;甚至其中有些行业问题、创业问题,依然能透过历史照入今天,解决此时此刻你的困感与难题。所以，希望读者能够在我们不断出版的"互联网口述历史"中，各取所需，各得其所。希望在你困苦的时候，能有一双经验之手穿过历史帮助你、提醒你、抚慰你。也希望你在有收获之余，还能够有所反思，因为，"反思，是'口述历史'的核心"（汪丁丁语）。

最后想说的是，如果你有任何与"互联网历史"有关的线索、史料、独家珍藏的照片，或想向我们提供任何支持，我们表示感谢与欢迎。"互联网口述历史"始终在继续。

最后，感谢"互联网口述历史"项目执行团队！也感谢有你的支持！更多感激，我们将在"致谢"中表达！

2016 年 5 月 18 日初稿

2018 年 2 月 7 日复改

致 谢

在"互联网口述历史"项目推动前行的过程中,感激以下每位提到或未能提到,每个具名或匿名的朋友们的辛苦努力和关照!

感谢方兴东博士十年来对"互联网口述历史"的坚持和积累,因为你的坚韧,才为大家留下了不可估量的、可继续开发的"财富"。

感谢汪丁丁老师对"互联网口述历史"项目小组的特别关心,以及您给予我们的难得的叮嘱与珍

致　谢

贵的分享。

感谢赵婕女士，感谢你对我们工作所有有形、无形的支援，让我们在"绝望"的时候坚持下来，感谢你懂我们工作当中的"苦"。感谢你给我们的醍醐灌顶般的工作方式的建议，以及对我们工作的优化和调整。

感谢杜运洪、孙雪、李宁、杜康乐、张爱芹等人无论风雨，跟随方兴东博士摄制"互联网口述历史"，是你们的拍摄、录制工作，为我们及时留下了斑斓的互联网精彩。同样感谢你们的身兼数职、分身有术，牺牲了那么多的假日。

感谢钟布、李颖，为"互联网口述历史"的国际访谈做了重要补充。

感谢范媛媛，在"互联网口述历史"国际访谈方面，起到特殊的、重要的联络与对接作用。

感谢"互联网实验室文库"图书编辑部的刘伟、

杜康乐、李宇泽、袁欢、魏晨等人，感谢你们耐住枯燥乏味，一次次的认真和任劳任怨，较真死磕和无比耐心细致的工作精神，并且始终默默无怨言。

在"互联网口述历史"的整理过程中，同样要感谢编辑部之外的一些力量，他们是何远琼、香玉、刘乃清、赵毅、冉孟灵、王帆、雷宁、郭丹曦、顾宇辰、王天阳等人，感谢你们的认真、负责，为"互联网实验室文库"添砖加瓦。

感谢互联网实验室、博客中国的高忆宁、徐玉蓉、张静等人，感谢你们给予编辑部门的绝对支持和无限理解。

感谢许剑秋，感谢你对"互联网口述历史"项目贡献的智慧与热情，以及独到、细致的统筹与策划。

感谢田涛、叶爱民、熊澄宇等几位老师，感谢你们对我们的指导和建议，感谢你们在"互联网口述历史"项目上所使的种种的力。

致 谢

感谢中国互联网协会前副秘书长孙永革老师帮助我们所做的部分史实的修正及建议。

感谢薛芳,感谢你以记者一贯的敏锐和独到,为"互联网口述历史"提供了难得的补充。

感谢汕头大学的梁超、原明明、达马(Dharma Adhikari)几位老师,以及张裕、应悦、罗焕林、刘梦婕、程子姣同学为"互联网口述历史"国际访谈的转录和翻译做了大量的辛苦工作;感谢范东升院长、毛良斌院长、钟宇欢的协调与帮助。

感谢李萍、华芳、杨晓晶、马兰芳、严峰、李国盛、马杰、田峰律师、杨霞、红梅、中岛、李树波、陈帅、唐旭行、冉启升、李江、孙海鲤、韩捷(小巴)等对我们所做工作的鼎力支持与支援。

感谢电子工业出版社的刘九如总编辑、刘声峰编辑、黄菲编辑、高莹莹老师,感谢你们为丛书贡献了绝对的激情、关注、真诚,以及在出版过程中那些细枝末节的温情的相助。

感谢博客中国市场部的任喜霞、于金琳、吴雪琴、崔时雨、索新怡等人对"互联网实验室文库"的支持，以及有效的推广工作。

在项目不同程度的推进过程中，同时感谢出版界的其他同仁，他们是东方出版社的龚雪，中信国学的马浩楠，中华书局的胡香玉，凤凰联动的一航，长江时代的刘浩冰，中信出版社的潘岳、蒋永军、曹萌瑶，生活·读书·新知三联书店的朱利国，商务印书馆的周洪波、范海燕，机械工业出版社的周中华、李华君，图灵公司的武卫东、傅志红，石油工业出版社的王昕，人民邮电出版社的杨帆，电子工业出版社的吴源，北京交通大学出版社的孙秀翠，中国发展出版社的马英华等人，感谢你们给予"互联网口述历史"的支持、关心、惦记和建议。

感谢腾讯文化频道的王姝蕲、张宁，感谢你们对

致　谢

"互联网实验室文库"的支持。

感谢中央网信办、中国互联网协会、首都互联网协会、汕头大学新闻与传播学院、汕头大学国际互联网研究院、浙江传媒学院互联网与社会研究中心等机构的大力支持。

在编辑整理"互联网口述历史"的过程中，我们同时参考了大量的文献资料，在此向各文献作者表示衷心的感谢。你们每次扎实、客观的记录，都有意义。

感谢众多在"口述历史""记忆研究"领域有所建树和继续摸索的前辈老师，感谢与"口述历史""记忆"，以及历史学、社会学、档案学、心理学等领域相关的论文、图书的众多作者、译者、出版方，是你们让我们有了更便利的学习、补习方式，有了更扎实的理论基础，让我们能够站在巨人的肩膀上看得更远，走得更远。感谢你们对我们不同程度的启发和帮助。

感谢崔永元口述历史研究中心的同仁，感谢温州大学口述历史研究所的公众号及杨祥银博士,感谢你们对"互联网口述历史"的关注和关心。

感谢陈定炜(TAN Tin Wee)、全吉男(Kilnam Chon),中欧数字协会的鲁乙己(Luigi Gambardella)与焦钰,Diplo 基金会的 Jovan Kurbalija 与 Dragana Markovski,计算机历史博物馆的戈登·贝尔(Gordon Bell)与马克·韦伯(Marc Weber),以及世界经济论坛的鲁子龙(Danil Kerimi),IT for Change 的安妮塔(Anita Gurumurthy)等人为"互联网口述历史"项目推荐和联络口述者,为我们提供了更多采访海外互联网先锋的机会。

感谢田溯宁、毛伟、刘东、李晓东、张亚勤、杨致远等人,深深感谢"互联网口述历史"已访谈和将访谈的,曾为中国互联网做出贡献和继续做贡献的精英与豪杰们,是你们让互联网的"故事"和发展更加精彩,也让我们的"互联网口述历史"能有机会记录这份精彩。

"互联网口述历史"的感谢名单是列不完的,因为它的背后有庞大的人群为我们做支持,提供帮助,给建议。

感谢你们!

互联网口述历史：人类新文明缔造者群像

"互联网口述历史"工程选取对中国与全球信息领域全程发展有特殊贡献的人物，通过深度访谈，多层次、全景式反映中国信息化发生、发展和全球崛起的真实全貌。该工程由方兴东博士自 2007 年开始启动耕作，经过十年断断续续的摸索和收集，目前已初现雏形。

"口述历史"是一种搜集历史的途径，该类历史资料源自人的记忆。搜集方式是通过传统的笔录、录音和录影等技术手段，记录历史事件当事人或目击者的回忆而保存的口述凭证。收集所得的口头资料，后与文字档案、文献史料等核实，整理成文字稿。我们将对互联网这段刚刚发生的历史的人与事、真实与细节，进行勤勤恳恳、扎扎实实的记录和挖掘。

"互联网口述历史"既是已经发生的历史，也是正在进行的当代史，更是引领人类的未来史；既是生动鲜活的个人史，也是开拓创新的企业史，更是波澜壮阔的时代史。他们是一群将人类从工业文明带入信息文明的时代英雄！这些关键人物，他们以个人独特的能动性和创造性，在人类发展关键历程的重大关键时刻，曾经发挥了不可替代的关键作用，真正改变了人类文明的进程。他们身上所呈现的价值观和独特气质，正是引领人类走向更加开阔的未来的最宝贵财富。

尼葛洛庞帝曾这样对方兴东说："你做的口述历史这项工作非常有意义。因为互联网历史的创造者，现在往往并不知道自己所做的事情有多么伟大，而我们的社会，现在也不知道这些人做的事情有多么伟大。"

我们希望将各层面核心亲历者的口述做成中国和

全球互联网浪潮最全面、最丰富、最鲜活的第一手材料，作为互联网历史的原始素材，全方位展示互联网的发展历程和未来走向。

我们的定位：展现人类新文明缔造者群像，启迪世界互联新未来。

我们的理念：历史都是由人民群众创造的，但是往往是由少数人开始的。由互联网驱动的这场人类新文明浪潮就是如此，我们通过挖掘在历史关键时刻起到关键作用的关键人物，展现时代的精神和气质，呈现新时代的价值观和使命感，引领人类每一个人更好地进入网络时代。

我们的使命：发现历史进程背后的伟大，发掘伟大背后的历史真相！

"互联网口述历史"现场,李开复与方兴东。

(摄于 2015 年 10 月 17 日)

"互联网口述历史"现场,杨宁与方兴东。

(摄于 2015 年 11 月 30 日)

"互联网口述历史"现场,刘强东与方兴东、赵婕。

(摄于 2015 年 12 月 13 日)

"互联网口述历史"现场,倪光南与方兴东。

(摄于 2015 年 6 月 28 日)

"互联网口述历史"现场,张朝阳与方兴东。

(摄于 2014 年 1 月 12 日)

"互联网口述历史"现场,周鸿祎与方兴东。

(摄于 2013 年 10 月 1 日)

"互联网口述历史"现场,吴伯凡与方兴东。

(摄于 2010 年 9 月 16 日)

"互联网口述历史"现场,田溯宁与方兴东。

(摄于 2014 年 1 月 28 日)

"互联网口述历史"现场,陈彤与方兴东。

(摄于 2010 年 8 月 21 日)

"互联网口述历史"现场,钱华林与方兴东。

(摄于 2014 年 1 月 27 日)

"互联网口述历史"现场,刘九如与方兴东。

(摄于 2014 年 3 月 13 日)

"互联网口述历史"现场,张树新与方兴东。

(摄于 2014 年 2 月 17 日)

"互联网口述历史"访谈后合影,拉里·罗伯茨(Larry Roberts)与方兴东。

(摄于 2017 年 8 月 3 日)

致互联网实验室:

很棒的采访,精心设计的问题。

与你们见面很开心。

——拉里·罗伯茨

"互联网口述历史"访谈后合影,伦纳德·罗兰罗克(Leonard Kleinrock)与方兴东。

(摄于 2017 年 8 月 5 日)

"互联网口述历史"是一个很棒的项目,很开心能参与其中。将历史与技术专业融合探索是了解互联网历史的最好方法。你们的采访轻松但深刻,很棒。

祝顺!

——伦纳德·罗兰罗克

"互联网口述历史"访谈后合影,温顿·瑟夫(Vint Cerf)与方兴东。

(摄于2017年8月7日)

I enjoyed reliving the story of the Internet. There is much more to tell!

Vint Cerf

8/7/2017

十分享受重温互联网故事的过程。意犹未尽!

——温顿·瑟夫

"互联网口述历史"访谈后鲍勃·卡恩(Bob Kahn)签名。

(摄于2017年8月28日)

希望你们的口述历史项目一切顺利。十分开心可以参与其中。

——鲍勃·卡恩

"互联网口述历史"访谈后合影,斯蒂芬·克罗克(Stephen Croker)与方兴东。

(摄于2017年8月8日)

> What an impressive and extensive project! I applaud the magnitude and thoroughness of your preparation and effort. I look forward to seeing the results.
> Steve Crocker
> August 8, 2017

一个令人印象深刻的项目。你们严谨而深入的前期准备和努力,值得赞许。期待看到你们的项目成果。

——斯蒂芬·克罗克

"互联网口述历史"访谈后合影,斯蒂芬·沃夫(Stephen Wolff)与方兴东。

(摄于 2017 年 8 月 10 日)

你们已经踏上了一条学习和了解互联网,探索其起源和未来发展的非同寻常之旅。十分感谢有机会能够贡献自己的一份力量。祝愿你们的项目进展顺利,期待早日看到你们的工作成果。

——斯蒂芬·沃夫

"互联网口述历史"访谈现场,维纳·措恩(Werner Zorn)接受提问。

(摄于 2017 年 12 月 5 日)

> I strongly believe in
> a good and prosperous
> cooperation between
> the Chinese Internauts
> and the western collegues
> friends and competitors towards
> an open and florishing
> Internet
> Wuzhen, Dec 5, 2017
> Werner Zorn

我坚信中国互联网参与者与西方同仁、伙伴和竞争者之间友好繁荣的合作会带来一个开放和蓬勃发展的互联网。

——维纳·措恩

"互联网口述历史"访谈现场,路易斯·普赞(Louis Pouzin)接受提问。

(摄于 2017 年 12 月 19 日)

> Internet and all its neccessors (new internet) are a nervous system providing control and communications between live and mechanical systems of the world. As any complex systems they must be designed by expert, and repaired when they do not work to satisfaction. They are part of our life, and we should endeavour to put our expertise to make them safe et efficient.
>
> Louis Pouzin
> 19.12-2017

互联网及其所有继任者(新互联网)是一个神经系统,为世界的生命系统和机械系统提供控制和交流的平台。与任何复杂的系统一样,它们须由专家设计,并在其工作不畅时及时进行修复。它们是我们生活的一部分,我们理应倾注我们的力量使其更加安全和高效。

——路易斯·普赞

互联网口述历史：人类新文明缔造者群像

"互联网口述历史"访谈现场，全吉男（Chon Kilnam）接受提问。

（摄于 2017 年 12 月 5 日）

> Hope you can come up with good interviews with collaboration of others in Asia, North America, Europe and others. Let me know if you need any support on this matter. Good luck on this important topics.
>
> 2017.12.5
> Chon Kilnam
> 全吉男

希望你们与亚洲、北美洲、欧洲及其他地区的人能够合作进行更多优秀的采访。如果需要我的支持，请与我联系。预祝项目进展顺利。

——全吉男

（因版面有限，仅做部分照片展示。感谢您的关注！所有照片及资料受版权保护，未经授权不得转载、翻拍或用于其他用途。）

互联网实验室文库
21世纪的走向未来丛书

我们正处于互联网革命爆发期的震中，正处于人类网络文明新浪潮最湍急的中央。人类全新的网络时代正因为互联网的全球普及而迅速成为现实。网络时代不再仅是体现在概念、理论或者少数群体中，而是体现在每个普通人生活方式的急剧改变之中。互联网超越了技术、产业和商业，极大拓展和推动了人类在自由、平等、开放、共享、创新等人类自我追求与解放方面的新高度，构成了一部波澜壮阔的人类社会创新史和新文明革命史！

过去20年，互联网是中国崛起的催化剂；未来20年，互联网更将成为中国崛起的主战场。互联网催化之下全民爆发的互联网精神和全民爆发的创业精神，两股力量相辅相成，相互促进，自下而上呼应了改革开放的大潮，助力并成就了中国崛起。互联网成为中国社会与民众最大的赋能者！可以说，互联网是为中国准备的，因为有了互联网，21世纪才属于中国。

互联网给中国最大的价值与意义在于内在价值观和文明观，就是崇尚自由、平等、开放、创新、共享等内核的互联网精神，也就是自下而上赋予每个普通人以更多的力量：获取信息的力量，参政议政的力量，发表和传播的力量，交流和沟通的力量，社会交往的力量，商业机会的力量，创造与创业的力量，爱好与兴趣的力量，甚至是娱乐的力量。通过互联网，每个人，尤其是弱势群体，以最低成本、最大效果地拥有了更强大的力量。这就是互联网精神的革命性所在。互联网精神通过博客、微博和微信等的普及，得以在中国全面引爆开来！

如今，中国已经成为互联网大国，也即将成为世界的互联网创新中心。从应用和产业层面，互联网已经步入"后美国时代"。但是目前互联网新思想依然是以美国为中心。美国是互联网的发源地，是互联网创新的全球中心，美国互联网"思想市场"的活跃程度迄今依然令人叹服。各种最新著作的引进使我们与世界越来越同步，成为助力中国互联网和社会发展的重要养料。而今天中国对于网络文明灵魂——互联网精神的贡献依然微不足道！文化的创新和变革已经成为中国互联网革命非常大的障碍和敌人，一场中国网络时代的新启蒙运动已经迫在眉睫。"互联网实验室文库"的应运而生，目标就是打造"21世纪的走向未来丛书"，打造中国互联网领域文化创新和原创性思想的第一品牌。

互联网对于美国的价值与互联网对于中国的价

值，有共同之处，更有不同。互联网对于美国，更多是技术创新的突破和社会进步的催化；而在中国，互联网对于整个中国社会的平等化进程的推动和特权力量的消解，是前所未有的，社会变革意义空前！所以，研究互联网如何推动中国社会发展，成为"互联网实验室文库"的出发点。文库坚持"以互联网精神为本"和"全球互联，中国思想"为宗旨，以全球视野，着眼下一个十年中国互联网发展，期望为中国网络强国时代的到来谏言、预言和代言！互联网作为一种新的文明、新的文化、新的价值观，为中国崛起提供了无与伦比的动力。未来，中国也必将为全球的互联网文化贡献自己的一份力量！

"互联网实验室文库"得到了中国互联网协会、首都互联网协会、汕头大学国际互联网研究院、数字论坛和浙江传媒学院互联网与社会研究中心等机构的鼎力支持。因为我们共同相信，打造"21世纪的走向未来丛书"是一项长期的事业。我们相信，中国互联网思想在全球崛起也不是遥不可及，经过大家的努力，中国为全球互联网创新做出贡献的时刻已经到来，中国为全球互联网精神和互联网文化做出贡献的时刻也即将开始。我们相信，随着互联网精神大众化浪潮在中国的不断深入，让13亿人通过互联网实现中华民族的伟大复兴不再是梦想！让全世界75亿人全部上网，进入网络时代，也一定能够实现。而在这一伟大的历程中，中国必将扮演主要角色。

互联网实验室创始人、丛书主编　方兴东

注 释

[1] 编注：邓朴方，1944年4月生，四川广安人。北京大学技术物理系原子核物理专业毕业。现任中国残疾人联合会名誉主席。

[2] 编注：晶体管，是一种固体半导体器件，具有检波、整流、放大、开关、稳压、信号调制等多种功能。晶体管作为一种可变开关，能够基于输入的电压，控制流出的电流。晶体管可作为电流的开关，和一般机械开关（如Relay、Switch）的不同之处在于晶体管是利用电信号来控制，而且开关速度可以非常快，在实验室中的切换速度可达100GHz以上。

[3] 编注：大唐电信科技产业集团暨电信科学技术研究院，是一家专门从事电子信息系统装备开发、生产和销售的大型高科技中央企业。研究院总部位于北京，在上海、天津、成都、西安、重庆和深圳等主要经济发达城市设有研发与生产基地。电信科学技术研究院以自主创新为驱动，掌握了电子信息关键领域的核心技术，拥有了一系列具有自主知识产权的重大技术创新和突破，尤其在TD-SCDMA第三代移动通信、无线接入、集成电路和特种通信等领域的技术产业水平居国内、国际领先水平。

[4] 编注：钟夫翔，广西北流市人，原中国邮电部党组书记、部长，曾任

总司令部无线电一分队政委,创立了北京邮电学院(今北京邮电大学)并任首任校长。

5 编注:PDP 是 DEC 公司生产的小型机的系列名称。PDP 是"Programmed Data Processor"(程序数据处理机)的首字母缩写。PDP 11 系列计算机曾使 DEC 公司成为小型机时代的代表机型,后被 VAX 11 取代。由于小型机的推广,降低了计算机产品的使用成本,使得更多的人获得了接触计算机的机会,大大促进了计算机产业以及相关行业的发展,并直接促进了个人计算机(PC)的发展。尽管 DEC 公司长期占据软件、硬件厂商的"世界前五强",但却因对 PC 机的认识和应对的战略性失误,使 DEC 业绩一落千丈。20 世纪 90 年代后,DEC 被康柏电脑收购(康柏最终被惠普收购)。由 DEC 开创的小型机和超级小型机时代宣告结束。

6 编注:COBOL(Common Business Oriented Langauge),又称为企业管理语言、数据处理语言等,是数据处理领域应用最为广泛的程序设计语言,是曾被广泛使用的高级编程语言。但因格式复杂、手工代码编程困难,一度被丢弃,至 2010 以后又有新的自动化版本推出,现仍有少量用户在使用。

7 编注:日语中表音符号(音节文字)的一种。

8 编注:终端,是一台电子计算机或者计算机系统,用来让用户输入数据和控制命令(命令行方式),并显示其计算结果的机器。终端有些是全电子的,也有些是机电的。其又名终端机,它与一台独立的计算机不同。

9 编注:为实现网络数据交换而建立的规则、约定或标准就称为网络协议。协议是通信双方为了实现通信而设计的约定或通话规则。

注 释

10 编注：胡筑华，女，多年来一直从事通信领域的工作，曾任信产部数据通信技术研究所室主任、总工程师，信产部数据通信产品质量监督检验中心常务副主任，中国威尔克通信实验室总工程师。

11 编注：美国国际数据集团（International Data Group, IDG），是全世界著名的信息技术出版、研究、会展与风险投资公司。

12 编注：调制解调器（Modem）实现数字信号与模拟信号相互转换的小型电子设备，俗称"猫"。

13 编注：李朝举，教授级高级工程师。

14 编注：X.25，是一个使用电话或者 ISDN 设备作为网络硬件设备来架构广域网的 ITU-T 网络协议，用 X.25 架设的网络是第一个面向连接的网络，也是第一个公共数据网络。在国际上 X.25 的提供者通常称 X.25 为分组交换网（Packet Switched Network），尤其是国际著名电话公司。它们的复合网络从 20 世纪 80 年代到 90 年代覆盖全球，现仍然应用于交易系统中。

15 编注：ATM，是 Asynchronous Transfer Mode（异步传输模式）的缩写，是实现 B-ISDN 业务的核心技术之一。它是一种为多种业务设计的通用的面向连接的传输模式。它适用于局域网和广域网，具有高速数据传输率，支持许多种类型如声音、数据、传真、实时视频、CD 质量音频和图像的通信。

16 编注：朱高峰，1935 年 5 月生，中国工程院院士，通信技术与管理专家，曾任邮电部副部长。

17 编注：美国 Sprint 公司，成立于 1938 年，前身是 1899 年创办的 Brown 电话公司，当时是堪萨斯州的一家小型地方电话公司。目前，Sprint 公司已成为全球性的通信公司，并且在美国诸多运营商中名列三甲，主要提供长途通信、本地业务和移动通信业务。

[18] 编注：1994年9月，邮电部电信总局与美国商务部签订中美双方关于国际互联网的协议，中国公用计算机互联网（ChinaNet）的建设开始启动。

[19] 编注：MCI，美国世界通信公司，美国第二大电话运营商，其前身是因财务丑闻倒闭的美国世界通讯（World-Com）公司。2005年5月8日MCI被Verizon斥资84亿美元收购。

[20] 编注：163网，即中国公用计算机互联网（ChinaNet）。该网络由邮电部建设经营，是我国四大计算机互联网之一，是Internet在中国的接入部分。其用户特服接入号为163，故称163网。

[21] 编注：ChinaNet，是邮电部门经营管理的基于Internet网络技术的中国公用计算机互联网，是国际计算机互联网（Internet）的一部分，是中国的Internet骨干网。ChinaNet骨干网建设始于1995年，一期工程完成北京、上海两个骨干节点，以一条64kbps速率的国际专线出口到美国，二期工程于1996年年底完成，覆盖全国30个省会城市及重庆的全国骨干网。

[22] 编注：亚信科技公司，是中国通信软件和服务提供商，为中国电信运营商提供IT解决方案和服务，以使电信运营商迅速响应市场变化，降低运营成本，提升营利能力。自1995年承建中国第一个商业化Internet骨干网ChinaNet起，亚信先后承建了中国六大全国性Internet骨干网工程、全球最大的VoIP网、全球最大的宽带视频会议网以及中国第一个3G业务支撑系统等上千项大型网络工程和软件系统。亚信不仅享有"中国互联网建筑师"的美誉，同时也被国家信息产业部认定为"中国重点软件企业"。

注 释

23 编注：徐善衍，1968年毕业于北京邮电学院有线通信工程系报话专业。中国科协发展研究中心兼职研究员，中国科协六届副主席、党组副书记、书记处书记，曾任全国政协十届教科文卫体委员会副主任，中国自然博物馆协会理事长等。

24 编注：AT&T公司（AT&T Inc.，原为American Telephone & Telegraph的缩写，也是中文译名美国电话电报公司的由来，但近年来已不用全名），是一家美国电信公司，创建于1877年，曾长期垄断美国长途和本地电话市场。

25 编注：胡启恒，女，陕西榆林人。模式识别专家，中国工程院院士。曾任中国自动化学会副理事长，模式识别及机器智能专业委员会副主任，中国科学院副院长，中国计算机学会理事长，中国科学技术协会副主席和中国互联网协会理事会理事长等。

26 编注：吴建平，清华大学计算机科学与技术系教授、博士生导师，清华大学计算机科学与技术系主任，中国教育和科研计算机网（CERNET）专家委员会主任、网络中心主任。

27 编注：中国互联网络信息中心（China Internet Network Information Center，CNNIC），是经国家主管部门批准，于1997年6月3日组建的管理和服务机构，行使国家互联网络信息中心的职责。作为中国信息社会基础设施的建设者和运行者，CNNIC以"为我国互联网络用户提供服务，促进我国互联网络健康、有序发展"为宗旨，负责管理维护中国互联网地址系统，引领中国互联网行业发展，权威发布中国互联网统计信息，代表中国参与国际互联网社群。

²⁸ 编注：OAM（Operation Administration and Maintenance）。根据运营商网络运营的实际需要，通常将网络的管理工作划分为 3 大类：操作（Operation）、管理（Administration）和维护（Maintenance），简称 OAM。

²⁹ 编注：DDN（Digital Data Network）是利用数字信道传输数据信号的数据传输网。

³⁰ 编注：SDN，软件定义网络（Software Defined Network），是一种新型网络创新架构，其核心技术 OpenFlow 通过将网络设备控制面与数据面分离开来，从而实现了网络流量的灵活控制，为核心网络及应用的创新提供了良好的平台。

³¹ 编注：虚拟化，是指通过虚拟化技术将一台计算机虚拟为多台逻辑计算机。

³² 编注：杨贤足，1939 年生于揭阳县凤湖乡，毕业于武汉邮电学院。曾任邮电部副部长、信息产业部副部长，中国联通通信有限公司董事长等。

³³ 来源：《世界电信》，2007 年第 1 期。

³⁴ 来源：《人民邮电报》，2012 年 6 月 27 日，第 8 版。

³⁵ 来源：《世界电信》，2007 年第 1 期。

³⁶ 来源：《高科技与产业化》，2014 年第 7 期。

³⁷ 来源：网络大数据，2014 年 6 月 24 日，《专访刘韵洁院士：关于未来网络的中国梦》，http://www.raincent.com/content-88-1861-1.html。

³⁸ 来源：凤凰科技，2014 年 3 月 30 日，《刘韵洁谈 OTT 免费：羊毛出在猪身上运营商提供羊毛》，http://tech.ifeng.com/it/special/ 2014lingxiufenghui/

content-3/detail_2014_ 03/30/35286893_0.shtml。

[39] 来源：《人民邮电报》，2012年6月27日，第8版。

[40] 来源：《计算机世界创刊三十周年人物志》，2010年9月20日。

[41] 来源：《电子展望与决策》，1997年第6期。

项目资助名单

"互联网口述历史"(OHI)得到以下项目资助和支持:

国家社科基金一般项目
批准号:18BXW010
项目名称:全球史视野中的互联网史论研究

国家社科基金重大项目
批准号:17ZDA107
项目名称:总体国家安全观视野下的网络治理体系研究

教育部哲学社会科学研究重大课题攻关项目
批准号:17JZD032
项目名称:构建全球化互联网治理体系研究

国家自然科学基金重点项目

批准号：71232012

项目名称：基于并行分布策略的中国企业组织变革与文化融合机制研究

浙江省重点科技创新团队项目

计划编号：2011R50019

项目名称：网络媒体技术科技创新团队

未经许可,不得以任何方式复制或抄袭本书之部分或全部内容。版权所有,侵权必究。

图书在版编目(CIP)数据

光荣与梦想:互联网口述系列丛书.刘韵洁篇/方兴东主编.—北京:电子工业出版社,2018.11
ISBN 978-7-121-33164-0

Ⅰ.①光… Ⅱ.①方… Ⅲ.①互联网络—历史—世界
Ⅳ.①TP393.4-091

中国版本图书馆CIP数据核字(2017)第295724号

出版统筹:刘九如
策划编辑:刘声峰(itsbest@phei.com.cn)
　　　　　黄　菲(fay3@phei.com.cn)
责任编辑:黄　菲　　特约编辑:李领弟
印　　刷:涿州市京南印刷厂
装　　订:涿州市京南印刷厂
出版发行:电子工业出版社
　　　　　北京市海淀区万寿路173信箱　邮编 100036
开　　本:787×1 092　1/32　印张:6.25　字数:172千字
版　　次:2018年11月第1版
印　　次:2018年11月第1次印刷
定　　价:58.00元

凡所购买电子工业出版社图书有缺损问题,请向购买书店调换。若书店售缺,请与本社发行部联系,联系及邮购电话:(010)88254888,88258888。

质量投诉请发邮件至 zlts@phei.com.cn,盗版侵权举报请发邮件至 dbqq@phei.com.cn。

本书咨询联系方式:39852583(QQ)。

互联网实验室文库